庫

# 慟哭の谷

## 北海道三毛別・史上最悪のヒグマ襲撃事件

木村盛武

文藝春秋

# はじめに

大正四年（一九一五）の暮、苫前村三毛別《とままえむらさんけべつ》の開拓地に起こった人食い羆《ひぐま》の話を、林務官の父から聞かされたのは四、五歳のころであった。あまりの恐ろしさに、小用に立てなかったのを覚えている。ことに、林務官だった母方の伯父は、東北帝国大学農科大学の学生時代から、この事件をよく知っていていろいろと教えてくれた。なんの咎もない婦女や子供たちを何人も食い殺し、胎児を掻き出し、通夜の場所まで襲い、これにも飽きたらず、開拓移民小屋十軒を軒並み荒し回った。この惨劇は、熊害史上世界にも例を見ないものという。

私は、幼少時代から飼い熊を見、熊の話に興味をもちながら育ったが、水産学校の五年生だった昭和十三年（一九三八）の八月、漁業実習で赴いていた北千島のパラムシル島村上湾の居相川に、サケ・マスの遡上を見に行き、そのとき先行していた一人がヒグマに惨殺され、後続の私は間一髪で難を逃れる、という苦い体験をもっている。以来〝羆〟に対する関心は深まるばかりであった。

苫前三毛別事件の真相を究明しようと考えたのは、私が、林務官になった昭和十六年ころからである。

それは、世界に類を見ないこの大事件が、埋没したまま推移しており、さらには真相を伝承する記録が地元にも残されておらず、当時大々的に報道された道内各紙にも、被害月日・被害人数・被害者氏名・年齢その他に、多くの誤りが発見されたからであった。究明は、私の職業柄当然のことと思ったし、このことが、取りも直さず犠牲者の霊を慰め、遺族の心を安らげ、学術上の参考になる、と考えたのである。

しかし、真相を伝える資料は一部の新聞以外皆無で、手掛かりとてもなく半ばあきらめの形で二十年を過ごしてしまった。そんな昭和三十六年の春、幌加内営林署に勤務していた私は、事件地を管内にもつ古丹別営林署に転任の命を受けた。願ってもない幸運であったが、さらに幸いだったことには、事件後四十六年も経っていたにもかかわらず、奇跡の生存者が、苫前町管下と登別市とで四人もいたことや、遺族と、討伐隊員として活躍された方々、幼少から事件を見聞きしてきた人々など、三十数人もの生き証人が北海道の北西部を主体に住んで居ることも分かった。こうした各位の貴重な証言のお陰で、事件発生五十年後の昭和四十年「獣害史最大の惨劇苫前羆事件」を、旭川営林局誌『寒帯林』の一月号と三月号の二回にわたり発表することができたのである。

なお今年（一九九四）は、災害発生八十年目にあたっている。この意義ある年に、いささか内容を充実させた小著を出版できたことは、私の大きな喜びであるが、歳月は人を待たず、私の考証に心から協力して下さった方々は相次いで他界され、今は二人を残すのみとなった。なんとも心淋しい限りである。

不幸にしてこの大惨事に巻き込まれた開拓移民は、明治四十三年頃から相前後して、隣村の大椴《おおとど》、鬼鹿の両開拓地と東北の河辺から、新墾地として開放間もないこの開拓地に移住してきた十五軒四十人余りの人達であった。中には、何一つ不足のない農地を捨て、親族の反対を押し切り、新開地に望みを託して来た人もいるという。なんともお気の毒で、胸がつまる思いである。

本文では事件地名を略記したが、詳しくは、北海道北部の西海岸に面する苫前村（現苫前町）中心部から三十キロメートルほど内陸部に入った、天塩国苫前郡苫前村大字力昼《りきびる》村三毛別御料農地六号新区画開拓部落六線沢（現苫前町三渓）という長い地番である。当時から、今日まで六線沢の通称でも通っている。

# 慟哭の谷——北海道三毛別・史上最悪のヒグマ襲撃事件●目次

## 第二部　ヒグマとの遭遇

# 慟哭の谷

——北海道三毛別・史上最悪のヒグマ襲撃事件

# 第一部　慟哭の苫前三毛別事件

# 第一章　惨劇の幕明け

北国の山あいは日のさす時間が短かい。ここ北海道苫前村三毛別の奥地六線沢では、十一月の初め頃にはみぞれが降りはじめる。そんな寒空の夜がしらみがかったころ、開拓者池田富蔵家の軒端から何やら尋常ではない物音が聞こえてきた。

「風にしては……」

といぶかる間もなく起こる馬のいななき、激しく壁を蹴りつける音……。

馬が暴れ出した。動物の勘は鋭い、どうやら熊が出てきたらしい。熊が軒下に吊したトウキビをあさりに出てきたのだ。

トウキビの被害はわずかですんだ。だが、みぞれでぬかるんだ地面に深く沈んだ熊の足跡をみて、富蔵は思わず息を飲んだ。それは、今まで見たこともないほどの大きな熊の足跡だったからだ。

大正の始めころまで、熊の出没は日常の茶飯事であったが、周辺の林内に限られていた。そんな安心感があってか、この熊の出現を富蔵は驚きはしたものの大して気にも止めずにいたのだった。すると二十日過ぎの未明、またしても馬が暴れ出した。彼は急いで外へ飛び出してみたが、すでに熊の姿はなくトウキビが束になって落ちているだけだった。二度とも馬がやられなかったのは不幸中の幸いであり、不思議にさえ思えた。

——しかし、さすがにノンキ者の富蔵も熊の脅威を身近に感じてだんだん不安になってきた。

「こう何度も熊が現れるようでは、また来るのでは……。なにせ二度あることは三度あるというからな……」

そして迎えた十一月三十日。彼は開拓部落のマタギ金子富蔵と三毛別のマタギ谷喜八に張り込みを頼み、熊を迎え撃つ計画を立てた。

午後八時も間近になると、あたりは真っ暗闇である。そのとき、富蔵の家の軒端で異様な物音がしはじめた。見ると巨大な熊が立ち上がり、軒下のトウキビに手をかけているではないか。ベテランのマタギである谷は落ち付いた仕草で金子を制し「まだ射つな」と目で合図した。ところが気負いたっている金子は、そんな制止は気に留めず銃を発砲してしまった。

耳をつんざく鋭い銃声が山あいに轟いた。

しかし、わずか数メートルの距離にもかかわらず、弾は暗闇に吸い込まれていった。

状況を即座に判断した谷は、素早く二の弾をはなった。すると熊は転げるように林内に消え失せた。

熊の足跡をたどると、滴った血痕が点々と続いている。仕損じたとはいえ二人は闘志をかきたてられた。だが、この暗闇では追跡しようにも手の打ちようがない。その夜、富蔵はマタギ二人にそのまま待機してもらい、翌朝を期すことにした。

翌日は未明から気温が下がり、細かい雪がチラチラと舞いだしていた。その中をマタギ二人を先頭にして、池田富蔵と、その次男・亀次郎の四人が追跡に向かった。

「熊はきのうの怪我で遠くへは逃げられまいて……」

四人の意気は盛んだった。だが、鬼鹿山（三六六メートル）の三角点近くまで熊を追い詰めたころから小雪は地吹雪に変わり、しだいに激しくなってきた。

「天気までが熊の味方をしてやがる」

マタギたちは「チェッ」と舌打ちした。

「まず、木の陰に入って吹雪を避けるべ」

地吹雪のために足跡を見失った四人は、大木の根元で、しばらく様子を見ることにした。しかし天候はひどくなるばかりだ。横なぐりの雪がビシビシと顔にあたり、四人の体はみるみる白く染まっていった。

「これ以上の追跡はかえって危険だ」

やむなく四人は引き返すことにしたのだった。

熊はこの日を境にぱったり姿を見せなくなった。

運命の十二月九日

人里離れた開拓部落では、十二月ともなれば野も山も一面の雪の下である。河川の通行は一時閉ざされてしまうので、地元部落民は氷橋《すがばし》を作って交通手段としてきた。この氷橋は、丸太を並べた上にエゾマツやトドマツの枝や葉を敷き詰め、その上に雪を盛って踏み固め、更に川水をかけて凍らせ、何段かこの作業を繰り返して頑丈に仕上げるものである。厳寒の北国では、雪解けの三月一杯までこれで十分に橋としての機能を果たすのである。

方々の部落でこの氷橋が完成するころには、馬橇の鈴音が辺りに響き、交通が一気に繁くなる。秋ころから納屋に眠っていた農作物が、連日のように村の市場に積み出されていくのだ。外部との往来が繁くなるのもこのころからである。氷橋作りは閉ざされがちな僻地農山村の交通には、なくてはならない重要な作業であった。

六線沢の開拓部落においても、三十キロメートルほど離れた中心地の苫前村に出るためには、部落の数キロメートル下流に横たわる本流の三毛別川を渡らなければならない。そこに氷橋を架けるのは共同作業ですすめられていた。一軒から一人ずつ出てりっぱな橋に仕上げるのだ。これは開拓民の男たちが一堂に会する村の大きな年中行事の一つでもあった。

運命の十二月九日は、開拓部落十五軒から十四人の男衆が出て、三毛別川に比較的近い辻橋蔵の家の裏山で、御料林の役所から払い下げられた橋桁材の伐採搬出作業をする当番日だった。この作業のため、どの家でも婦女や子どもが留守を預かることになっていた。

その朝、太田三郎も作業の一員として出発の準備をしていた。そこへ、日ごろは後追いなどすることのなかった預かり子の幹雄が、「どうしてもついて行きたいよう」、と駄々をこねて困らせるのだった。「子どもだから駄目！」と言う内妻のマユと、「いいじゃないか、連れていく」と言う太田とで、ちょっとしたいさかいがあった。太田は日ごろからわが子のように幹雄を可愛がり、幹雄もまた生みの親同然に二人になついていた。子どもに恵まれなかった太田夫妻は、幹雄が六歳の時に知人の蓮見嘉七から強引に預かってきたのだった。しかし、いつまでも預かったままにしておくわけにはいかず、来年の春には入学ということもあって、力昼の実家に帰すことになっていた。

太田家には寄宿人の長松要吉（通称オド）という男がいた。彼はこの日朝早くから、裏山に船のキール（竜骨）材の伐採に出かけ、家にはマユと幹雄の二人が留守を預かっていた。

八時ころに太田三郎は明景《みようけ》安太郎と連れ立って出合い作業に出るため、松村長助の畠の前を通りかかった。すると、野積みになっていたトウキビの山が食い荒らされ、あたり一面に巨大な熊の足跡が入り乱れていた。だが、二人はそんな様子にもさしたる恐怖心も感じずに、「こんな大物ならさぞかし肉もうまかろう」と言い合う始末だった。出合い作業の一服休みにもこのことが話題にのぼったが、誰一人として不安を抱く者もなく、皆黙々と作業に励んだのだった——。

「マユはどこだ！」

寄宿人のオドが山の作業現場から、いつものように昼食のため戻ってくると、なぜか妙に屋内は静まり返っている。囲炉裏の片隅には幹雄が前屈みに座り込み、じっとしたままだ。日ごろ茶目っ気の多い幹雄のこと、狸寝入りだなと思い、オドは大声で幹雄の名を呼んだ。

「おい幹雄、帰ったぞ。早く飯くうべ……。こら、狸寝入りしてもダメだぞ」

——返事がない。オドは幹雄の肩を揺すりながら顔を見た瞬間、ハッと息を飲んだ。

幹雄の顔の下には固まった血が盛り上がり、しかも喉の一部は鋭くえぐられているのだ。さらに側頭部には親指大の穴が開き、すでに息はなかった。土間には小豆が一面に散らばり、まだ生暖かい馬鈴薯が二つ三つ炉端に転がっていた。

オドの体はガタガタと震えた。あまりのことに茫然となったオドは、ようやく震える声を張り上げマユを呼んだ。

「マユ。マユはどこだ！　オドが帰ったぞ！」

だが、応えはない。ただ薄暗い屋内には異様な臭気が漂うばかりだった。

オドは直ぐさま四キロメートル下流の出合い作業現場へと急いだ。走りながらオドは、朝方幹雄のことで夫婦が口争いをしていたことをふと思い出した。自分が家を出てから口争いが再燃し、あげくの果てに幹雄がそのとばっちりを受けてどちらかに殺され、驚いた二人が揃って行方をくらませたのではないか……、という考えが頭をよぎるのだった。

しかし、出合い作業の開拓民たちが、太田家へ戻ってから状況を調べていて、幹雄を殺したのは熊の仕業であり、マユは熊に連れ去られたらしいことが分かってきた。幹雄の体温と馬鈴薯のぬくもりから、被害は午前十時半前後らしいことも分かってきた。

## 連れ去られたマユ

空腹を抱えて突如現われた熊は、まず山側の窓辺に吊るされたトウキビを食おうとして窓から部屋を覗いた。これに気づいたマユと幹雄の二人は驚き、大声をあげる。その声に逆上した熊は家の中に躍り込み、炉端の幹雄を一撃のもとに倒した。マユは燃える薪で立ち向かうが、巨大な熊にかなうはずもなく、片隅に追い込まれ撲殺された。薄暗い居間には燃えた薪が散乱し、屋内の隅には柄が折れ血糊に染まったマサカリが落ちている。その血糊の手形やおびただしい血痕からみて、抵抗しながらも激しく逃げ回った様子がうかがえた。どうやらマユはその場で一部食害されたらしく、夜具は、おびただしい鮮血に染まっていた。熊は入りこんだ場所からマユをくわえて連れ去ったらしい。窓枠には頭髪が束になって絡みついていた。足跡は血痕とともに向かいの御料林に一直線に続いている。この経緯の推測に、疑う余地はなかった。

太田家の被災直後、知り合いの松永米太郎が乗り馬で同家の前を通った。この日は用事もたまっていたので彼はだまって通り過ぎたが、山裾から一直線に血痕が続いているのを見た。獲った兎をマタギが引きずって太田家に入り、一服しているものとばかり思った、という。

12月９日午前10時半頃、熊は太田家の窓から下図のように侵入した。まず炉端で幹雄を撲殺し、次にマユを食害して侵入した窓から山へ連れ去った。

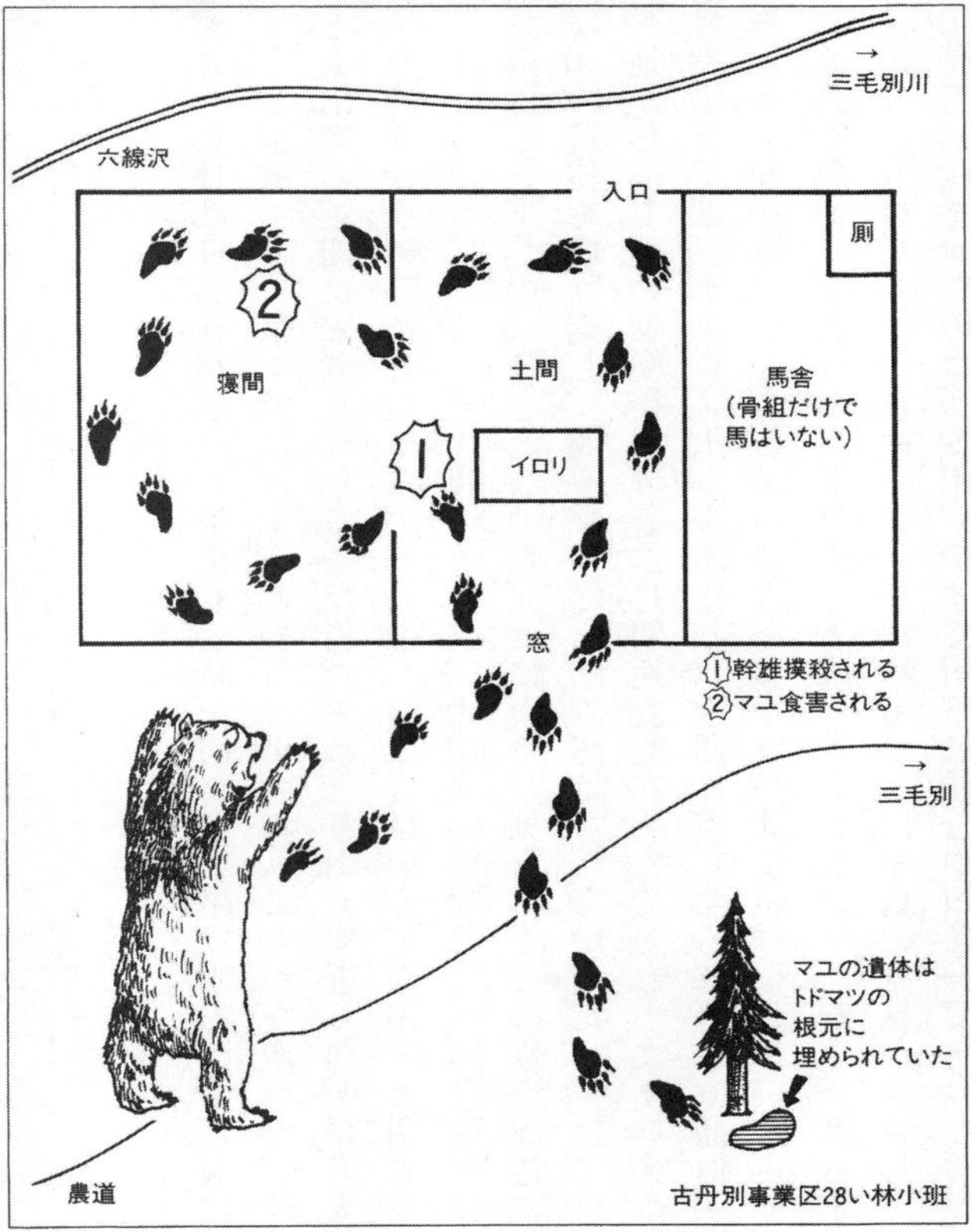

## 非運の使者

　雪国の十二月は日暮れが早い。午後も三時を回れば太陽はすでに山の端に傾いてしまう。追跡するにはすでに遅く、この日は手の打ちようがなかった。幹雄の遺体を太田家の寝間に安置し、集まった男たちはとりあえず近くの明景安太郎家におもむき夜が明けるのを待つことにした。隣家とはいえ、太田家と明景家は五百メートルも離れている。その夜のうちに、太田家の凶報は三毛別部落内に伝わり、近隣は上を下への大騒ぎとなった。とにかく一刻も早くこの事を周辺に知らせ、マユの遺体を取り返し、熊を撃ちとらなくてはならないのだ。

　この地から最も近い羽幌警察分署古丹別《こたんべつ》巡査駐在所までも十九キロメートル、苫前村役場までは三十キロメートルあまり、中間に点在する部落には通信手段などあろうはずもない。ひたすら深い雪道を歩くほかはない。しかし、家族を残してこの遠路を急使に出ようと名乗り出る者は一人もいない。だが、一刻も早く使者を決めなければならないため、クジで決めることに全員の意見が一致した。こうして使者に決まったのは、太田家のすぐ川下に住む中川孫一であった。

だが中川はなんとしても気が進まない。

「なんとか使者を交替してくれないか」

と、彼は斉藤石五郎に頼み込んだ。

「それほど言うなら、せめて家内や子どもを安全な場所に避難させてからにしてくれ」

人の好い石五郎は条件付きで承諾した。

「そのことなら任せておいてくれ。マタギも大勢来ているし、大船に乗ったつもりでいてくれ」

と中川は石五郎を安心させた。

十日早朝の五時、石五郎は留守中の妻子のことをくれぐれも頼んで開拓地を発った。夫を送り出した妻のタケは、比較的安全と思われる九百メートル川下の明景安太郎の家に、三男・巌と四男・春義を連れて避難した。最初、石五郎一家は最も安全といわれた三毛別分教場に避難するつもりであったが、石五郎が急に使者として出発したので、急遽、避難場所を変えることにしたのだった。

「私の股なら肥えてうまいから、熊も食いごろだろうね」

タケは明景家へ避難していく途中、わざわざ自分の太い股を叩いてみせ、同行した婦人と大笑いした。

一方、大任を果たした斉藤石五郎は、この翌十一日昼近く苫前村の小畑旅館を発ち、妻子が待つ六線沢のわが家に向かっていた。三毛別部落に入って程なく、彼を迎えたのは、あまりにもむごい妻子受難の知らせであった。その瞬間へなへなと雪上に崩れ伏した斉藤は、声を限りに号泣した。

## 捜索隊

一方開拓部落の男たちは、三毛別から駆けつけた若者と合わせ三十人あまりの捜索隊を作り、十日午前九時ころから連れ去られたマユの遺体を捜しに、雪深い林内に熊の足跡を追った。長柄の鎌を手にした三毛別の河端甚太郎を先頭に、マタギの金子富蔵、宮本由太郎、谷喜八、千葉幸吉、加藤鉄士ら銃手五人が従い、次いで刃物などの武器を手にした山本仁作ら二十人ほどが三班に分かれて続いた。

新雪の林内は歩きづらいことこの上ない。時折樹上から落下する雪にも全神経を尖らせながら、捜索隊は慎重に百五十メートルほどゆっくり進んだ。すると、やや小高い場所にそびえるトドマツの根元あたりが、黒く盛り上がっているではないか。

それがたちまち巨大な熊となって躍り出た。一行はあまりに近くから熊が出たのに仰天し、あわてふためき一斉に銃口を向けたが、発射したのはたった一丁、谷の銃だけだった。三丁は不発で金子はいつものクセで銃の遊底に巻いていた布切れが邪魔をして撃てなかった。その当時は、付近の林内に熊が出ても深追いするようなことはせず、万一に備えて安心のために銃を置いているようなものだった。だから実弾も詰めっぱなしというずさんな扱いで、発火するのがむしろ不思議なくらいだったのだ。

谷の銃が火を噴いたとたん、巨熊は猛然と彼らに立ち向かい、足元がおぼつかず逃げまどう宮本由太郎と河端甚太郎の二人に一撃を加えんばかりとなった。とっさに河端は大声を張り上げ、長柄の鎌に渾身の力を込めて振り回し、宮本は不発の銃を据えてしばし対峙した。この騒動に、ほかの若者たちは一目散に逃げ出してしまった。

ところがどうしたことか、熊はやおら方向を変え、山の手に向かってそのまま走り去ったのである。立ち上がったときの丈は馬匹をしのぐ大きさで、胸には袈裟掛けといわれる大きな白斑を交えた全身黒褐色の巨大な熊だった。

ほうほうのていで逃げ帰って来た若者たちの驚きといったらなく、顔面蒼白で口もきけないほどだった。クモの子を散らしたように逃げ帰ってくる様子は、太田家からもよく見えた。そうこうするうちに、身を案じられていた二人も戻ってきたので、みんなと無事を喜びあった。

ほどなく関係筋に救援要請の使者が派遣されることになったが、熊の威に呑まれて、屈強の若者もただただ尻込みするばかりであった。それればかりか一人二人と近くの開拓農家に流れこみ、ついには誰もいなくなってしまうありさまだった。そうかといって、このまま放置しておくわけにもいかず、いったんは家にこもった者もぽつりぽつりと現場近くに戻ってきた。

とにかく捜索隊はもう一度、山に向かうことになった。山あいの冬は日暮れが早く、すでに三時を大きく回った林内は薄暗くなっていた。

山本仁作ら数人が、先刻熊が飛び出てきたトドマツの辺りへ行くと、熊の姿はすでになく、血痕が白雪を染め、トドマツの小枝が重なったところがあった。その重なった小枝の間からマユの片足と黒髪がわずかに覗いている。くわえられてきたマユの体はこの場所で完膚無きまでに食い尽くされていた。残されていたのは、わずかに黒足袋と葡萄色の脚絆《きゃはん》をまとった膝下の両足と、頭髪を剝がされた頭蓋骨だけであった。衣類は付近の灌木にまつわりつき、何とも言えぬ死臭が漂っていた。誰もがこの惨状にただただ息を飲むばかりであった。

夕刻五時ごろやっとマユの遺体は太田家に戻った。

# 第二章　通夜の亡霊

この惨事に開拓地の人々は皆、一様に恐れおののき、数キロメートル下流の安全地帯に避難しようと準備を始めた。

ちょうどそのころ、隣村の力昼《りきびる》から、亡くなった幹雄の実の両親ら三人が太田家に到着した。夜になってマユと幹雄の通夜がしめやかに執り行われた。参列者は力昼から来た幹雄の両親と知人の斉藤信之助、開拓部落から中川長一、松村長助、池田亀次郎の三人、三毛別部落から、堀口清作ほかの二人、合わせて九人だけであった。というのも、〝熊は獲物があるうちは付近から離れない〟と、小さいときから聞かされてきた開拓民と、三毛別の農民たちは恐怖のあまり、太田家に近寄れなかったためである。

この日、夕暮れまで巨熊を追跡していた谷喜八が、帰りがけに太田家にちょっと顔を見せた。

「どうせ食われるならもう二、三人も食われりゃよかった。一緒に弔ってやるのにな。今夜はみてろ、九時ころ必ず熊がくるぞ」

と、彼はとんだ悪態をついた。口の悪いことにかけては村一番と言われていたマタギの彼だが、いたって人柄も面倒見もよく、誰からも好かれていた。

「明日も熊撃ちだ！」

と言い残すと、彼はそそくさと太田家を出て行った。

悲しみの通夜は終わった。変わり果てた二人の遺体に太田は男泣きし、少年の両親は声をつまらせ放心状態であった。

幹雄の母チセは、肩をおとしながらも持参してきた清酒を参列者に注ぎ回り、二回目の二人目に注ぎ足そうとしたそのとき、ドドーンという物音とともに遺体を安置した寝間の壁が打ち破られ、黒い大きな塊が立ちはだかった。居合わせた誰もが、無惨な死を遂げた二人の亡霊が出た、と直感した。

たちまちランプが消え、棺桶はひっくり返されマユと幹雄の遺体が散らばり、異様なまでに生臭い息づかいがあたり一面をおおった。

「熊だ！」

谷の予言はものの三十分とたたぬうちに的中してしまった。熊が遺体を奪い返しに来たのだ。

「熊だ！　逃げるな！」

熊と気付いた斉藤信之助が絶叫した。

予期せぬ出来事に肝をつぶした参列者たちは、熊がどこをにらんでいるのかまったく見当がつかず、悲鳴をあげ右往左往の大混乱となった。何せ家とは名ばかり馬小屋同然の掘っ立て小屋、逃れる場所とてない。あるものは屋根裏の梁に、あるものは厠に逃れた。このとき、いち早く外に飛びだした中川長一が大声で怒鳴りながら、石油缶を叩き続けた。これに呼応して屋内の悲鳴が怒号に変わった。そこに、日露戦争帰りの勇者、堀口清作が銃を放ったところ、さすがの熊も家から跳び出し暗闇に姿を消した。この時、外に逃れた二、三人が数メートル先の小道を逃げていく黒い熊の姿を目撃した。

彼らが我に返ったとき、救援隊員の叫び声が間近に聞こえてきた。

「おーい、おーい」

「もう大丈夫だぞう！」

救援隊の到着がこれほど早かったのは、運よく三百メートルほど下流の中川孫一家の周辺に五十人ほどが集合し、警戒に備えて食事中だったからである。異様な物音と叫び声に、「すわ一大事!」とばかりに太田家を包囲したのである。熊の乱入からわずか十分ほどの早業であった。

この時、放心状態で外を右往左往する二人と、天井の梁にしがみついていた二、三人、さらに厠の三人が救出された。目の前で巨大な熊に踏み込まれた斉藤信之助は腰が抜けて立てず、駆けつけた救援隊員に危うく射殺されるところだった。というのは、立ち上がろうと焦るあまり、自分が座っている厚ムシロを引っ張り上げていた。ところが、ムシロの重みでハネ返るときのバタバタする音と、しゃがみこんだ姿がまるで熊のように見えたからであった。彼はいたって人柄がよく、酔うほどに使い古しの三味線を引き寄せ、ところかまわず歌いまくるので、「芸者木挽」のあだ名がついていた。はるばる力昼から通夜に参列し、この災難にあったわけだが、日ごろの快活ぶりはどこへやら口も利けない状態であった。

この大騒動のおり、堀口清作ただ一人が敢然として屋内に踏みとどまり、人々の称賛を浴びた。一方、この堀口とはまったく裏腹に評判を落とした男がいた。蓮見チセの夫、嘉七である。熊の侵入に、彼はいち早く妻のチセを踏み台にして屋根裏の梁にかけあがったのだった。踏み倒されたチセは堀口に助けられてようやく天井の梁に逃れたのである。こんなことから嘉七は死ぬまでチセに頭が上がらなかったという。これは、チセさんの述懐である。

## 修羅場と化した明景家

この夜、救援隊が集まる予定になっていた明景安太郎家は、開拓部落では比較的家が広く、地理的にも安全と思われていた。同家には、妻・ヤヨ、長男・力蔵、次男・勇次郎、三男・金蔵、四男・梅吉、長女・ヒサノの六人がいた。主人の安太郎は急用で隣村の鬼鹿に出かけ、留守であった。そこへ川上から避難してきた斉藤石五郎の妻・タケ、三男・巌、四男・春義の三人、さらに用心のためにと、太田家の寄宿人、オドが加わり、全員で十人がいた。石五郎は、すでにそのとき使者として苫前村に向かっていた。この夜、明景ヤヨは同家に集まる予定の二十人ほどの救援隊員の夜食作りにかかり、タケは仏前のお供物用の団子作りに余念がなかった。そこへ、三毛別の農夫、宮本由太郎がひょっこり顔を出した。

「これから中川孫一の家に行くところなんだ。今夜は女や子どもが多いから、きっと熊が狙いにくるぞ！　さしあたり肥えてうまそうな斉藤の母さんかな」

と宮本は冗談を振りまき、高笑いしながら出ていった。

異様な騒ぎが遠くから聞こえてきたのはちょうどこの直後だった。通夜をしている太田家をまたまた熊が襲ったのだ。両家の距離は五百メートルより離れていなかった。すぐに救援隊員が出動し、残った婦女子たちは騒然となった川上の方を心配しながら薪をくべ続けた。恐ろしさのあまり、誰もオドのそばを離れようとはしない。

「火を絶やすな！　どんどん薪をくべろ。火を見せればどんな熊も逃げていく」

熊は火を恐れるという誤った言い伝えが、開拓民の間に信じられていたのである。

一方、太田家の救援に向かった数十人は、すでに熊が逃げたことや、同家にいた人たちのことなきを確かめた。その上で、救援隊は通夜にいた人たちを連れて川下の安全地域に向け、警戒しながら歩きだした。

太田家から避難した人たちは皆、歩きながらも熊はまだ付近に潜んでいる気がしていたという。不思議な予感は当たるもので、そのとき、激しい物音と絶叫が川下の明景家から起こった。巨熊が太田家を襲い損ねてから、わずか十数分後の午後八時五十分ころであった。

明景ヤヨが、夜食のカボチャを囲炉裏の大鍋にかけて、居間に戻りかけたとき、激しい物音と地響きをたて、巨大な黒い塊が家の中になだれ込んできたのである。

「誰だ！」

ヤヨが大声で叫んだ。

だが答えはない。

かわりにヤヨが目にしたのは熊。それも想像を絶する巨大な熊である。

たちまち焚火は蹴散らされ、ランプが消え、屋内はまっ暗闇と化した。驚いたヤヨが勝手の方に逃れようとしたその時、片隅にいた勇次郎がヤヨの腰に飛びついた。ヤヨの背中には四男の梅吉がいる。体の重心を失って、ヤヨは大きく前にのめった。

これを熊が見逃すはずはない。

たちまち背中の梅吉の頭、足、腰と咬みかかり、三人を居間まで引きずり戻した。そしてヤヨに馬乗りになって前肢と胸の間に抱え込み、悲鳴を上げるヤヨの顔と頭に二度三度と咬みついた。熊はなおも勇次郎に咬みかかろうと猛り狂うが、母親の腰にしがみついたまま、熊の胸元にすっぽり入り込んだので、思うようにいかない。

これを見たオドが外に逃げ出そうとすると、熊はヤヨ親子からオドへ標的をかえて戸口に走った。ヤヨは深手を負いながらも勇次郎の手を引っ張り、必死で熊から逃れた。

一方、熊に出口を阻まれたオドは、そばの物陰に急いで上半身を隠した。しかし、これを見つけた熊は猛然と襲いかかった。熊はオドの腰の辺りに激しく咬みかかり、尻から右股の肉をえぐりとり、右手に爪傷を負わせた。

「うわあ‼」

体が引き裂ける痛みにオドは絶叫した。

この叫びに思わず手を放した熊は、今度は恐怖に泣き騒ぐ親子のいる居間に戻った。ここで熊は明景金蔵を一撃の下に叩き殺し、怯える斉藤巌、春義兄弟を襲った。巌は瀕死の傷を負い、春義はその場で叩き殺された。この時、片隅の野菜置場に逃れていた母親斉藤タケは、わが子の断末魔のうめき声に、たまらずムシロの陰から顔を出してしまった。執拗な熊はタケを見つけ、爪をかけて居間のなかほどに引きずり出した。タケは明日にも生まれそうな臨月の身であった。

「腹破らんでくれ！　腹破らんでくれ！」

「喉食って殺して！　喉食って殺して！」

タケは力の限り叫び続けたが、やがて蚊の鳴くようなうなり声になって意識を失った。

熊はタケの腹を引き裂き、うごめく胎児を土間に掻きだして、やにわに彼女を上半身から食いだした。

明景力蔵は最初タケと同じ隅の野菜置場に身を隠していたが、ここでは危ないと、さらに四メートルほど離れたところに二段積みになった十俵ほどの穀俵の陰に身をひそめた。力蔵は隠れながら、むごたらしい殺戮の音を聞くまいとした。だが聞くまいと焦れば焦るほど、断末魔のうめき声と救いを求める婦女や子どもの叫び、人骨を咬み砕く音が耳を打った。また、見るまいと思っても、熊は目と鼻の先、顔はいつしかそちらへ向いてしまうのであった。

バリバリ、コリコリ……

あたかも猫が鼠を食うときのような、名状しがたい不気味な音がする。と同時に、耳打つフウフウという激しい息づかい、そして底力のあるうなり声。力蔵は恐怖に全身が硬直して声も出せず、やがては自分の番だとあきらめきっていた。

タケを食い殺した熊はなおも飽くことなく、すでに息絶えた金蔵の胸部、肩部、頭部と食害し、さらに、息も絶え絶えにうめき続ける巌の左股、臀部、胸部、肩部と食い続けた。

12月10日午後８時50分～９時40分頃、明景家に窓から侵入した熊に、明景金蔵、斉藤タケ、巌、春義は殺害されたが、穀俵の陰に隠れていた明景力蔵と、失神していた明景ヒサノの２人は奇蹟的にも無傷で助かった。

神ならぬ身の知る由もなく、大役を果たし、この夜遅く苫前村の小畑旅館に辿りついた斉藤石五郎は、歩き疲れた体を、好きな酒に癒やし、やがて深い眠りに陥ったのであった。なんとも、遣り切れない思いである。

## 魔の一時間

事態のただならぬ気配を察知した五十余人の討伐隊員は、すでに明景家を二重三重に包囲していた。

「力蔵！」

「金蔵！」

「ヒサノ！」

重傷を負った母ヤヨが絶叫する。

いったんは川上の隣家、中川孫一家に避難したものの、わが子を案ずるあまり、いてもたってもいられなくなったのだ。とうとう周囲の制止を押しきってわが家の前に戻り、半狂乱になって子どもの名を呼び続けた。屋内には、長男・力蔵、三男・金蔵、長女・ヒサノ、川上から避難してきた斉藤石五郎の妻・タケ、その三男・巌、四男・春義の六人が取り残されている。

血気さかんな討伐隊員も、誰一人として屋内に踏み込むことも、発砲することもできなかった。熊がどこにいるのか、皆目見当のつけようがないのだ。屋内は真っ暗闇、救いを求めて泣き叫ぶ婦女や子ども、断末魔のうめき、人骨を咬み砕く異様な響き、熊の暴れまわる鈍い音。時折屋内が静まり返ったと思うと、今度はかすかなうめき声とうわごとが聞こえてくる。もはや生存する者はいないと、誰もが思わずにいられなかった。熊は依然として立ち去る気配を見せず、隊員はおろおろし、ただただ家の周囲を右往左往するばかりである。

それはあまりにも長い魔の一時間であった。

このとき、「家もろとも焼き払え！」という怒号と、「一斉に家の中を撃ってしまえ！」という声が激しく起こった。無謀極まりないこの手段は、もはや生存者はいないという大方の判断からであった。この処置にただ一人必死になって反対し続けたのは、重傷の母、ヤヨであった。「万が一生きているかもしれない」、ただそれだけの望みを抱き、はやる隊員を説き伏せたのである。誰も彼もが興奮し、血まなこであった。

断末魔のうめき声は、なおも細く長く聞こえ、手をこまねく隊員の胸をえぐった。救いの手一つ差し伸べることができぬまま、時は無情にも経っていく。「神も仏もないものか」と、隊員は空を仰いだ。息詰まるような長い時が流れていく。

やがてうめき声は絶え、熊が屋内をまさぐる鈍い音だけが聞こえてくるようになった。隊員たちは、「いまに熊がとび出す」と判断し、十人あまりの腕利き射手を出口の片側に配置し、ころあいを計ってまず谷喜八が夜空に一弾を放った。予想はものの見事に的中、熊は猛然と入口を破ってとび出し、戸口の一番近くにいた〝南部の禿《はげ》マタギ〟の眼前に大きく立ちはだかった。撃ち倒すには絶好の態勢である。

禿マタギは夢中で引き金を引いた。しかし、これが不運にも不発に終わった。熊はあわてる隊員を尻目に、家を背にしながら悠然とした足どりで暗闇に消えた。並いる射手は、屋内の婦女子の身を案じ発砲することができず、無念の涙を飲んだのである。

このとき、「生存者は出てこい！」と大声が聞こえた、と力蔵は述懐している。

救援隊員が、ガンピ（雁皮）の皮に火を灯し、一斉に屋内になだれ込んだ。かくて、穀俵の陰に潜み、奇跡的に難を逃れた力蔵と、失神して寝ていた妹のヒサノが、恐怖に声もでない状態で救い出された。

部屋の中は一面が血の海、荒らされて足の踏み場もなく、血しぶきは天井裏まで飛び散り、死臭が充満していた。まさにこの世のものとは思えぬ地獄絵である。

斉藤タケは、春義と金蔵の中ほどに頭を並べ、三人ともイナキビの入った五斗叺《かます》、布団、荒ムシロなどで覆われていた。すでに息は絶え、右肩から右胸部、腹部、右大腿部にかけて、見る影もないまでに食い尽くされていた。胎児はかすかに母体とつながり、奇跡的に無傷だったが一時間後に息絶えた。三人とも申し合わせたように素っ裸にされており、熊の習癖と残忍さをまざまざと見せ付けていた。

「これはひどい、女子どもをこんなむごい殺しかたしやがるなんて」

「あの熊は悪魔だ！　必ず仇を取ってやる！」

この酷い殺戮に隊員は歯ぎしりし、ある者は人前もなく男泣きに泣いた。

隊員が遺体を収容し、夜道を引き上げようとしたそのとき、突然背後の屋内から、

「おっかあ！　熊獲ってけれ！」

と大きな叫び声が聞こえた。討伐隊はもう一人生存者がいるのを見逃してしまったのだ。

だが隊員たちは逡巡するばかりで、再び暗闇のむごたらしい現場へ進んで入ろうとする者は出なかった。そうこうするうちに、日露戦争帰りの堀口清作が単身屋内に駆け入り、ムシロの下に隠されていた瀕死の少年、巌を発見して救出、並いるものの称賛を浴びた。

少年は、左大腿部から臀部にかけ骨が露出するほどの深手で、皮膚がぼろ布のようにまつわりつき、ふた目と見られぬむごい姿であった。

## 深夜の開拓部落おち

相次ぐ熊の襲撃に開拓民は恐れおののき、一刻も早く開拓地から逃れようとした。まずは婦女と子どもを三キロメートルほど下流の辻橋蔵家と、六キロメートルあまり下流にある三毛別分教場とに分散避難させることになった。この夜の避難の様子は、あたかも平家の都落ちを思わせる陰惨な光景であった。

ガンピの皮を松明《たいまつ》にして火を灯し、奥地から開拓部落おちが始まった。六線沢沿いに点在する開拓民を一軒一軒大声で呼び出し、隊列に加えていくのだ。こうして避難する人々の列の長さは百メートルにもなった。燃えさしのガンピが路上に捨てられて点々と燃え続け、さながら不知火を思わせた。

血気盛んな若者も、この時ばかりは恐怖のあまり先頭にもしんがりにもなろうとせず、ただただ雪道を帯のように連なり、黙々と下流に向かうのだった。婦人や子どもの中には、恐ろしさのあまり泣く者、雪に足を取られて転倒する者も出て、命からがらの避難であった。やがて一行は三キロメートル下流の辻家にたどりついた。

避難者の中には、あわてるあまりにつっかけ草鞋《わらじ》や下駄ばきの者までおり、恐怖のため寒さも感じない様子だった。一方、家を出るとき熊は火を恐れると教えられたことから、各戸の庭に山と積まれた薪に火が放たれた。燃え上がった焚火は夜空をこがし深夜の開拓地には随所に異様な明りが広がった。

このときの行列には、明景家で深手を負った四人がおり、辻橋蔵家に収容された。中でも瀕死の斉藤巌は左股が骨だけ残り、皮膚はぼろ布のようにズタズタにされむごたらしいものであった。彼は「水！　水！」と激しく叫び、時折、「おっかあ、熊獲ってけれ！」とうわごとを洩らし、人々の深い憤りと涙を誘った。辻家の妻女リカが茶わんで水を与えると、彼は瀕死の者とも思えぬ勢いでこれを飲み下した。なおも「水！　水！」と激しく叫び続けたが、やがて声も細り二十分後には帰らぬ人となった。

この夜は何分にも遅く、重傷のヤヨ、梅吉、オドの三人は辻家で応急の手当を受け、翌十二月十一日さらに三キロメートル下流の森伊三郎家まで下り、被災三日目の十二日になって、やっと古丹別の沢谷房吉医院に収容された。

この夜部落おちした人々のほとんどは三毛別分教場に収容された。だが中には恐怖のあまり、遠く古丹別や苫前、羽幌まで逃れる者も出るほどだった。

やがて、辻橋蔵家も危険区域に入ったため、十二日午前には、同家の全員もさらに三キロメートル下流の安全地域まで退避した。こうして遂に、救援隊から選り抜かれた決死の隊員七人と精鋭の若者十数人だけが開拓地の中に留まることになった。

# 第三章　大討伐隊

避難し終えた開拓地には人影もなく、隣接する三毛別分教場は無期休校に入った。そして、どの農家も固く戸を閉ざして武器を準備し、戦々兢々として夜も眠れない日が続いた。もはや近隣数十人の応援だけでは手の施しようもなかった。かくて、近隣部落の長老、有志、駐在所巡査、御料局古丹別分担区員、分教場の教頭など主だったものが話し合った結果、羽幌警察分署長、同署員、帝室林野管理局羽幌出張所長、同所員、苫前村村長、同役場職員のほか沿線住民の緊急応援を得ることを決議した。

十二月九日と十日の凶報が北海道庁に届いたのは十二日のことであった。北海道庁保安課は、折り返し羽幌警察分署長、菅貢に宛て、「地方青年会アイヌなどの協力を得て獲殺すべし」との指示を打電した。指示を受けた分署長は、全分署員と管下の村民を激励し、大いに活躍した。特に苫前村農会長、上杉久太郎は、銃器・食糧の調達に特筆すべき貢献を果たした。

こうして十二日夕刻には、遠く小平、羽幌方面から青年団、消防組、決死の農村民、にわか武装の若者たちが続々と開拓地に入った。この時の討伐隊員は、ある者は日本刀を腰に、ある者は槍を小脇に、長柄の鎌、古びた村田銃、ナタ、マサカリ、サッテ、ガンタ（伐木、造材作業に使う道具）と多彩で、農民一揆もこのようだったのではと思わせる装束だった。

熊狩り本部は六線沢の開拓地に隣接する農家大川与三吉家に設けられ、本部隊長に羽幌警察分署長、菅貢警部、副隊長に帝室林野管理局羽幌出張所古丹別分担区員、喜渡安信技手、同じく三毛別分教場教頭・予備役陸軍少尉、松田定一が選ばれた。しかし、開拓地は御料林のなかにある開拓農地であり、最も土地勘があり農民に信望の厚かった喜渡安信技手が、事実上の采配を振るうことになった。

注目に価するのは、当時でさえ異例といえる無鑑札猟銃の供出が、羽幌警察分署長名で告示されたことである。こうした降って湧いた措置に、村民の緊張はいやがうえにも増大した。熊狩り本部の至上命令は、「いかなる事態が起ころうとも、三毛別川を熊に渡らせてはならぬ」であった。万一、広い三毛別に熊が入り込めば、もはや被害を食い止めることはできない。このため、三毛別川一帯の要所要所の農家に射手数人、勢子十数人を配置、水も洩らさぬ布陣が敷かれた。

しかし相手もさるもの、開拓地周辺の御料林内に数カ所のかくれ場を持っているため、東を攻めれば西に渡り、西を攻めれば東に逃げるといった有様で、いたちごっこの繰り返しであった。熊の知能は意外に高く、出没には決まったパターンが見られないのだ。ましてや十二月である、もし天候が崩れ吹雪に見舞われれば、追跡はおろか連絡のために動き回ることすらままならなくなる。このまま、熊に「冬籠もり」されてしまう心配も大きかった。だからこそ、討伐隊は何としても一両日中に熊を捕獲せねばならないと、焦りは深まるばかりであった。

十二日正午前、現場検証と検死のために、駐在所巡査と沢谷房吉医師が客仕立ての馬橇で開拓地に入った。そこでは六線沢沿いの山路に点々と排泄された異物が目についた。

「何だ、こりゃ。熊のフンではないか」

熊を呪いながらよく見ると、それは人骨と人毛、未消化の人肉であると分かり、あまりのむごさにただただ慄然とするばかりであった。

午後、二人は北海道庁警察部より派遣された警察医、木村真之助の一行と共同で、犠牲者全員の検死を行った。

## 遺体を囮《おとり》に

最初の惨事から三日たった。この十二日も熊の姿さえとらえることができず、むなしく暮れかかっていた。血気盛んな若い討伐隊員も、犠牲者のむごい姿が脳裏から離れず、士気は一向に振るわなかった。こうした状況のもとで熊狩り本部では、一大決断を迫られていたのである。

「林内には餌がない。狙われるとすれば開拓小屋と遺体以外にない。熊は飢えているから必ずやってくる。この際は心を鬼にし、遺体を囮にする以外に手はない」と、正気では考えも及ばぬ計画が立案された。だが、当時はどこの地方にも動物や食物を餌に、獲物を誘《おび》き寄せる方法はあった。だが、遺体は取りもなおさず神聖な仏身である。仏にまで苦しみを与えるには忍びないと、本部での意見は大きく分かれた。だが、今は決断に一刻の猶予も許せない。

いよいよ本部としての断を下さねばならぬときが来た。果たして遺族が首を縦に振ってくれるだろうか。この動議に罵声があがりはしまいか。分署長は涙とともにこの可否を遺族全員と村人に諮った。ところが意外なことに、遺族はもちろんのこと、誰一人として反対するものなどいなかったのである。肉親や遺族の心中を察して余りあるが、事態はこれほどまでに深刻となっていたのである。

かくて計画はただちに実行に移されることとなった。すでに辻家で亡くなった斉藤巌を除く、蓮見幹雄、阿部マユ、明景金蔵、斉藤タケ、斉藤春義と胎児の六遺体は、明景家の居間の厚むしろの上に並べられた。狭い屋内の上部に頑丈なやぐらを組んで梁を乗せ、大人十人ほどが座れる銃座が設けられた。やがて腕におぼえのある山本仁吉、〝南部の禿マタギ〟、谷喜八、千葉幸吉、徳井健蔵、加藤鉄士、辻仁右衛門の七人が決死の銃撃隊員に選ばれた。このうちの六人が夜陰に乗じ銃座に着いた。まず三人が入り口に銃口を並べ、三人が三方向にそれぞれ銃を向け、どこから熊が侵入しようと対応できるよう、万全の態勢を布いた。

狭い屋内には、何とも言えぬ死臭が充満し、その臭いにつられて、どこからともなく野良猫が入り込んできた。屋内は真っ暗闇、しかし外は気持悪いほど静かであった。

待つこと久し。果たせるかな巨熊は姿を現した。

だが、熊はいきなり飛び込むようなドジは踏まない。やがて、余裕を見せながら二度三度、家の周囲を回り出した。

そこで発砲しようとすれば、たちまち壁の陰になる。しかも暗闇までが邪魔をして、百戦錬磨の射手といえども引き金を引くことができず、歯ぎしりするほかなかった。

やがて内部の様子の全てを察してか、熊はそのまま暗闇に消え去った。

何という鋭い洞察力であろう。決死隊員はひとりずつ適時交替する以外は屋内にとどまり、食事もその場で取り、死臭漂う屋内で一昼夜にわたって熊を待ち続けた。だがどうしたことか、熊は以来ぱったり姿を消した。

この頃、明景家で待機する決死の銃撃隊員をあざけり笑う如く、熊は通夜の晩に襲いそこなった無人の太田家に、三度目の侵入を行い、狼藉の限りを尽くしていたのであった。十二日午後八時過ぎのことである。

手当たり次第、雑穀類を食い荒らしあげくの果てに床の荒むしろを払い除け、夜具、衣類にいたるまでズタズタに食いちぎって外にまき散らし、糞尿を垂れ流したまま林内に消えたのである。このとき付近にはマタギが張り込んでいたものの、恐怖のあまりなすすべもなく立ちすくむだけであった。

## 七師団の出動要請

時が経つにつれ、被害は拡大し、討伐隊員はますます不安に駆られ、焦燥感にさいなまれるばかりであった。かくて、熊狩り本部はもはやこの体制では手の施しようがないと判断、「旭川の七師団に緊急出動を要請し、一挙に山狩りして撃ち獲る」との決議が下された。こうして十二日夜遅く出動の要請が出されたという。

かくて翌十三日深夜、旭川を発った歩兵第二十八聯隊の将兵三十人が、急遽留《る》萌《もい》に向かったが、翌十四日夕刻巨熊射殺の報に接し、留萌から直ちに引き返したという。

またの説によれば、十三・十四の両日に獲り損ねた場合は、出動を要請するよう取り決められていたともいうが、軍隊の崩壊した今日、確認のすべもなく、いずれが正しいかは不明のままである。

決死の銃撃隊員が明景家に張り込んでいた十三日、一向に姿を見せなかった熊が、夕刻五時ごろになると、軒並み八軒の農家に乱入しはじめた。最初に侵入されたのは、川上にある中川孫一の家で、二斗樽の鰊漬けを食い荒らし、さらに鶏舎を襲ってニワトリ数羽を食い殺し、雑穀類を暴食した。それればかりか散々屋内を破壊し、床一面に糞尿を垂れ流して立ち去った。その足で隣家、数馬石太郎の家に入った。ここでは、妻のアサノ専用の石湯たんぽ（北海道郡部では冬季に湯たんぽの代わりに手ごろな石をいろりで焼き、布で包んで使っていた）を持ち出し、包みをズタズタに引き裂き、まるで漬物でもかじるように石をばりばり噛み砕いた。この時、警戒のためこの付近を巡回中のマタギ、山本兵吉と鈴木隊員は、この音を五十メートルほど離れた地点で偶然耳にした。それは怪しいまでに軽快な金属音に聞こえたという。

数馬家に飽きた熊は、今度は川下の隣家、松田林治家に侵入、同様に狼藉を働き、飽く事なく松村長助家、中川長一家、吉川輝吉家、辻橋蔵家、松浦東三郎家と、六線沢の右岸に並ぶ八軒に残らず侵入し、破壊の限りを尽くした。この日被害を免れたのは川向かいにあった金子富蔵、斉藤石五郎、岩崎金蔵、佐々木友作、池田富蔵、の五軒だけである。こうして九日以来僅か五日間に、開拓部落十五軒中、六線沢の右岸に立つ十軒すべてが侵害されたのであった。あきれたことに、太田家にいたっては、前後三回にわたって荒らされるという執拗さであった。人の運、不運ほど計り知れないものはない。こうした中にあって、最も犠牲者を出した斉藤石五郎家には、このように全く熊は寄り付きもしなかったのである。還らぬ繰り言とは言え、これが宿命というものなのだろうか。

## 池田家の騒動

十二月十三日、川下から三軒目の池田富蔵家には九区（現苫前町九重）と七区（現長島）の討伐隊員四十人余りが陣取っていた。同家には主人・富蔵、その長男・富吉、次男・亀次郎の三人がいた。妻と子どもは熊を恐れてすでに避難していた。比較的大きかった同家は、三つに仕切られ、いろりがあかあかと燃えていた。いざという時に備え鉄砲数丁、日本刀数振り、竹槍、ナタ、鎌、サッテ等が所狭しと屋内にたてかけられていた。

九区の農夫、森金三郎は、日ごろ愛用の黒山羊の刺し子を着て部屋のはずれにうずくまっていた。近隣では剛の者で知られる小柄な大橋峯太郎が、部屋の中ほどに腰をおろしている。彼は、日露戦争の戦利品という鋭利な短刀を腰に、実弾数発を意味ありげにちらつかせた。

「これさえあれば、いかなる猛熊たりともとどめを刺してくれる。俺が来たからには袋の鼠さ」

と、いつもながらの大口をたたき、熊の暴挙の一部始終を聞き大橋は憤懣やるかたないという表情であった。

午前四時前、炊き出しが届いた。

「腹が減っては戦ができん」

と一同が大いに喜んだとき、本部の伝令が飛び込んできた。

「熊が近くの家に入ったようだ。警戒を厳重にされたし」

と言う。

にわかに、家の中に緊張が走った。

その時、ドドドーッという大音響をたてて野積みの二尺薪が崩れ落ちた。

この地響きで二頭の馬が大暴れして馬小屋から飛び出した。驚いた三毛別の久保伊之助ら数人が腰を抜かし、ランプが消えて屋内は真っ暗闇である。家の中に絶叫が起こった。家の外に飛び出す者、屋根裏の梁にかけ上がる者、厠にひしめく者など、池田家は上を下への大騒ぎになった。

これまでにトウキビを求め、三度も熊が軒先に現われている矢先だけに、たちまち血も凍る恐怖に襲われたのだ。

熊の来襲に腰砕けした大橋峯太郎は、這いずって流し台の下に潜り込んだ。そこには南瓜がたくさん並べてあったが、幸い小柄だったため潜り込むことはできたものの、頭と肩を引っ込めることはできなかった。そこへ黒山羊の刺し子を着た森金三郎が這いずりながら逃れて、大橋の後に潜り込もうとした。このため、森の毛皮にいやというほど顔面をこすり付けられた大橋は、それをてっきり熊の来襲と思ったのである。

立つことも逃げることもできぬまま、「熊だ！　熊だ！」と消え入るような悲鳴をあげる大橋。やっとの思いで腰から短刀を抜き取り、あえぎながら熊に刺しかかった。一方の森も、熊に襲われているものと早合点し、必死に大橋にしがみつこうとしたが、逆に腹の辺りを何度となく押しつけられるので、これは大変とあわてて大橋から遠ざかった。

熊への恐怖から、人間たちの空騒ぎが起こったのであった。

だがどうしたことか、本物の熊は一向に暴れる気配がない。それどころか、どこに潜んでいるのかさえ皆目見当がつかないのだ。……どうにも様子がおかしい。

隠れた場所で身を竦めていた隊員たちは、周りを見回しながらそろりそろりと部屋にもどってきた。

ある者はランプを灯して納屋を調べ、ある者は周囲を見回ったが、足跡ひとつ見付からない。

「こりゃ、熊でないぞ」

「薪の山が崩れてたぞ。あの物音の原因は薪でないのか」

やっと熊の仕業でないことがわかって、全員の顔に安堵の色が戻った。

実は、この日集合した若者たちは熊を恐れるあまり、二、三人が一緒になって二尺薪を取りに庭へ出ていった。しかも、早く済まそうと順序よく取らず、取りやすい高さから手当たり次第に抜き取ったのだ。そのため、積んだ薪の中間に大きな穴が開き、積もった雪の重さも加わって一挙に崩れ落ちたのであった。

周囲に異常なしと分かったころ、顔面色のない自称勇者、大橋峯太郎が台所の下からようやく這い出してきた。そして群がる若い衆にまたもや大言を吐いた。

「いやあ、驚いたのなんの。聞いてくれ！　すんでのところで餌食になるところだった。熊の金玉で顔をこすり付けられたのは世の中広しといえども俺くらいなものだ。熊はどこさ行った。撃ちまくってくれる！　だれも怪我はないか！」

と、みんなの前に顔を突き出した。彼は今が今まで熊に抱きつかれていたと思い込んでいたのであった。

それに続いて黒山羊の刺し子を着た森金三郎も興奮さめやらず、狐につままれた怪訝な顔つきで、みんなの前に現れた。森の着ている山羊皮を、大橋が熊と誤認したのは誰の目にも明らかとなったのだ。それと察した大橋もさるもの、この話をなんとか揉み消そうとしたが、あまりにも居合わせた数が多すぎ、ついに兜を脱いだという。

これが「熊の金玉事件」として、後々にまで伝えられたのである。

この日のハプニングはこれにとどまらなかった。開拓農民にとって何よりも大切な冬季の副食は、漬物である。漬物は農民に限らず、北国の誰もが山のように漬け込み、冬の無上の味覚として尊んでいるものである。池田家の土間にはたくあん漬の四斗樽が二つ、でんと置かれていた。というのも長い冬を保たせるためには、置き場と温度が決め手となるからで、そのためには冷え込む土間が最適なのであった。これが薄暗い土間の隅にころあいよく並べられていた。

討伐隊員たちはそれを見つけて、外の便所では不安なのでわざわざ用意してくれたものと思い込み、次々と放尿したのである。なんと一夜にしてこの冬季の副食はふいになってしまった。それればかりか、どさくさに紛れて家具や器具まで滅茶滅茶に傷めつけられた。泣き面に蜂とは正にこのことだった。

人か！　熊か！

恐れるものとてない熊は、手当たり次第農家を荒らし回り、ついに恐れていた三毛別川の合流点近くまでやってきた。万が一、三毛別の部落に熊が渡ってしまえば、被害が計り知れぬほどに広がるのは明らかであった。熊狩り本部はいやが上にも緊張し、隊員のだれも彼もが必死であった。

十三日の夜八時ころ、合流点を監視していた討伐隊員が異常な雰囲気に感づき、息を切らして本部に飛び込んで来た。

この川岸にはヤナギの大木の切り株が六本ある。討伐隊員が何気なくその切り株を眺めて見ると、暗闇とはいえどう数えても一本多い。しかもその多い一本がわずかながら動いているように見える。それは熊が本流を渡ろうと川底を探っているようでもあった。

しかしそれは御料農地を警戒する隊員の可能性もある。もし熊だとしたら、へたに声をかけては、みすみす逃げられてしまう。どうしたものかと迷っていると、雪や柴で作りかけた氷橋を、ミシミシと踏みしめる異様な物音がした。もはや疑う余地はない。

「人か!!　熊か!!」

かねてから取り決められていたこの合い言葉を、総指揮官の羽幌分署長は大声で三度叫んだ。三度叫んで応答のない場合は、ただちに発砲することになっていたのである。

応答なし。

十数丁の村田銃が一斉に火をふいた。署長は当時めずらしいといわれた二連銃で撃ちまくった。

この瞬間、黒い塊は川岸をひとっ飛びに、もと来た雪原を飛ぶように走り去った。そのすばしっこさに、並みいる隊員は、あれよあれよと見つめるばかりであった。

熊狩り本部は熊を目前にして、なんと三度目の手痛い取りこぼしをしてしまったのである。この日は八時も過ぎ、もはやどうすることもできず、明十四日に総攻撃を期すことにして、夜が白むのを待った。この夜も不思議と不発の銃が多く、これまでに不発のなかった銃までがその夜にかぎって不発となったため、本業のマタギさえも自信を失った。

「あの熊には、悪魔が加勢しているんだ。捕れっこないべ」

「熊はここのヌシだから、撃つとたたりがあるぞ」

などと、隊員の中には弱音と縁起を担ぐものも出る始末。一方、農民たちの苛立ちと重なる失策への怒りは、大挙出動してきた分署長以下にも向けられた。

「だらしない。熊を逃がしといて何が熊退治だ。何がライフルだ！」

ライフル銃に対する忿懣も同時に噴き出した。「ライフルさえあれば、どんな遠くの熊でもいちころ」という大げさな前ぶれが裏切られたからだ。当時ライフルといえば、最新兵器、撃ち損じなどあろうはずない、と信じ込まれていたから、なおさらのことだった。

# 第四章　魔獣の最期

十二月十四日、熊が現れてからすでに六日目である。どうやらこの調子でいけば天候の崩れはなさそうだ。隊員たちは誰もが、これほど晴天続きがありがたいと思ったことはなかった。例年ならば止むことのない雪の中、野も山も静かに眠り込んでいる時季だからだ。しかし、熊が逃げたとはいえ、氷橋の上で狙撃した成果もあるはずだ。すでに熊狩り本部は水も洩らさぬ背水の陣を敷いていた。

夜の白むのが待ちきれない隊員の何人かが、前夜に熊が現れた対岸に行ってみた。そこには雪上に巨大な足跡と血痕数滴が散っていて、熊の被弾が確認された。熊は十一月三十日、池田富蔵家の軒下のトウキビ漁りの時も銃弾を受けている。二度の負傷で少なくとも行動範囲は狭まるはずだ。隊員たちはこの被弾の確認に小躍りして喜んだ。

「今日こそはきっと獲ってみせる」

「かならず仇は討ってやるぞ」

どの顔にも生気がよみがえってきた。

熊狩り部隊は、さっそく熊の足跡を追って出発した。まだ辺りは暗かったが、熊を追跡するにつれて、だんだん熊の足跡が千鳥足になっていく様子が分かった。隊員たちはそれを見てますます勇気づけられた。

「おれたちから逃げることはできないぞ。もう袋のネズミさ」

と楽観する者さえ現れた。

熊は被弾地点から山裾沿いに二キロメートルほど歩き、〝辻の沢〟付近から方向を転じ、尾根沿いに国有林をかけ上がっている。山裾からおよそ百五十メートルほどの小高い峰の方向に足跡は向かっていた。血痕はわずかながらなおも滴り、糞尿がしきりに見られ、熊の動きが刻々鈍っていくのがよく分かった。

この時点で十数人のマタギが、熊を遠巻きに包囲する形で円陣を作り斜面をにじり寄りはじめた。その後方には数十人の勢子と犬、それにマタギの一部が加わり、注意深く進んでいく。

一行のほかに、鬼鹿村は温根の沢の住人で、鉄砲撃ちにかけては天塩国にこの人在りと評判の高い、〝宗谷のあんちゃん〟と親しまれていた山本兵吉がいた。

〝サバサキの兄〟こと山本兵吉氏（大正２年頃撮影）

彼は若いころ、樺太で熊をサバサキ包丁で刺し殺したことから、「宗谷のサバサキの兄」というあだ名も持ち、常に軍帽をかぶり、日露戦争の戦利品という銃を駆使して山野を歩き回っていた。

大挙して熊を包囲する一団よりいち早く、彼はミズナラの大木の幹に体を支えている熊の姿を見つけた。熊は、山裾の人の気配をうかがっていたが、まったく彼には気付いていない。

絶好のチャンスだ。彼は銃を強くにぎりしめた。

音を立てぬように二十メートルほど、にじり寄った彼はニレの大木に身を隠した。ここを熊の狙撃場所に選んだのである。彼は静かに銃を取り上げ、狙いを定めた。

息を止め、引き金をひく。

ダーン！

銃声は静かな峯々にこだました。

次の瞬間、巨熊は大きくのけぞり、どうと倒れた。

これを遠くから見た先発の一団が歓喜の万歳をあげた。すると、倒れた熊がやおら立ち上がり、大きく吠えて山本をにらんだ。後続のマタギたちが一斉に銃を構える。

山本は二発目を発射した。これも命中。

熊はもんどりうって倒れた。山本の初弾は心臓近くに、二発目は頭部を貫通し、ともに致命傷となった。十二月十四日午前十時であった。

銃声がこだまするや、討伐隊員は続々集結し、息絶えた熊を囲んで狂喜して大歓声をあげた。

熊の様相たるや、苦痛に悶えて食いしばった顎は舌を咬み、頭部の金毛を朱に染めて怒髪天をつくの感があった。熊は金毛を交えた黒褐色の雄で、身の丈二・七メートル、体重三百四十キロもあり、胸間から背にかけて、袈裟掛けといわれる弓状の白斑を交えた大物である。推定七、八歳、前肢掌幅二十センチ後肢掌長三十センチ、その爪はまさに鋭利な凶器であった。頭部の金毛は針のように固く、体に比べ頭部が異常に大きかった。これほど特徴のある熊を誰も見たことはないという。

隊員たちは仇討ちとばかりに、棒や刃物で殴りつける者、蹴りつける者、立ち乗りして踏んづける者、口を開けてなかを覗き込む者、果ては肛門に棒きれを突っ込む者まで出た。憎しみを込めた仕置きは熊が仕止められた現場から引き出されるまで間断なく続けられた。熊の犬歯が大きく欠損していたが、これは数馬家の石湯たんぽをかじった時に欠けたものと分かった(数馬家では、長いことこの石を記念に保管していたが、いつの頃からか見失ったと、数馬タケさんは残念がっていた)。

再び誰からとなく万歳の声があがった。二百人の万歳の声が幾重にも深山にこだまし、ここにすべては終わりを告げた。〝熊害史上世界最大〟の汚名を残して。

十二月十四日は奇しくも、赤穂義士討ち入りの日であった。

十二月十二日早朝本部編成、十四日午後解散に至る三日間の討伐隊員の出動は、官民合わせて延べ六百人、アイヌ犬十数頭、最高の十二日は延べ二百七十人、鉄砲は六十丁に及んだ。

## 奇跡の熊風

葡萄づるにからめられた巨熊は、二十人あまりの若者たちによって、現場から二百メートルほど下方の雪道まで、にわか仕立ての柴橇に乗せられて引きずりおろされた。

橇の上に積まれた小山のような熊を人力だけで引くのである。かけ声をかけ、呼吸を揃えねばならない。

「エーイヤドッコイ！　それ、ドッコイショ！」

「ああ、ドッコイ、ドッコイ！」

期せずして、沖揚げ音頭ならぬ熊下ろし音頭が飛び出した。

やがて路上に待機中の辻橋蔵所有の名馬、男山号に引かせようと、馬橇に積み替えようとした。ところが、名にしおう名馬も死骸とはいえ巨大な熊を前にしてさすがに興奮、尻込みして暴れ回るばかりだった。やむなく若者たちが馬に代わって馬橇を引っ張り、五キロメートルあまり下流の三毛別青年会館に向かった。

「雪だ！」

誰かが空を見上げて声を出した。

雪、雪、雪……。風にのって細かな雪が頭上を舞いはじめている。

橇を引きはじめてほどない十時三十分ころだった、それまでの青空は一天にわかにかき曇り、一寸先も見えない大暴風雪となった。この日の最大風速は四十メートルとも五十メートルともいわれている。森林は波のように大きく揺らぎ、巨木が次々と倒れていった。人々は橇をはさんでアリの列のように、吹雪の中をはうように進んだ。
十数人の古老から聞いた話では、新聞報道をはるかに上回る強烈な嵐で、氷橋の上を腹ばいで渡ろうとした者が対岸まで吹き飛ばされたという。嵐がいかに烈《はげ》しかったか、当時の『北海タイムス』（北海道新聞の前身）はこう記す。

――**宗谷の暴風被害**（大正四年十二月二十二日付）
「十四日の暴風は既電の如く猛烈を極め海岸に押寄する怒濤は二十余尺に及び沿岸の人家は海水に浸され漁業用薪材の流失無数それが海岸に打返して破壊せる家屋尠からず倒壊せる家屋すらあり一時は避難者混雑す光景惨憺を極め数十年来なき所なりと」

――**遠別《えんべつ》の暴風被害**（大正四年十二月二十二日付）
「十四日の暴風は猛烈を極め全潰家屋十六半潰十三屋根損潰四十損害約五千円に上る」

――**苫前の大被害**（大正四年十二月二十八日付）

「十四日午前十時よりの暴風は未曾有の猛烈を極め電柱を折り屋根を剝ぎ家屋を倒し板庫を吹飛ばし路上の人を傷け船舶漁具を流失又は破壊し巨浪は市街に迄奔入し為めに電信線の如きは北方は十八日迄も不通なりし苫前尋高小学校の如きは五十人の生徒一夜校に宿泊し又た力昼小学校は校舎を破壊さるゝ等一般に大被害を受け其損害高苫前力昼にて五万円ならんと云ふ又今朝より細雨霏々として降り夜に至るも不止暴風被害の際柾払底の為め莚を以て一時覆ひたる家あり頗る惨憺たりき」

このように北海道北西海岸を襲った大暴風雪は、夕刻にはやや衰えをみせたが、翌十五日も止むことなく続いた。三毛別地方の農民は、これを「熊風」と呼び、後世まで長く語りつがれることとなった。「熊の暴挙が天の怒りに触れ、昇天を阻んだため」とか、「熊の怒りが嵐を呼んだから」とか、農民たちはささやいた。苫前町の三渓（旧三毛別）地方では今なお、「熊風」になぞらえて、「ほら風がくる」といえば、泣く子も黙るという話が伝わっている。被災数年後のこと、開拓地周辺の測量に入った人たちが、天幕で就寝中、亡霊にうなされたとか、救いを求める婦女子の声が夜な夜な聞こえたとか……、とかくこの種の事件にまつわりがちな怪談が残っている。江戸後期の地誌『北越雪譜』初編上の「山家の人の話に、熊を殺こと二三疋、或ひは年歴《へ》たる熊一疋を殺も、其山かならず荒る事あり、山家の人これを熊荒といふ、このゆゑに山村の農夫は、需《もとめ》て熊を捕事なしといへり、熊に霊ありし事古書にも見えたり」という一節が思い出される。

## 注目の解剖

「熊風」をついて馬橇を引き、一時間半後、五キロメートルほど曳き出された人食い熊は、やっとのこと三毛別青年会館に到着した。館内には山のように雪が投げこまれ、悲嘆に暮れる遺族、負傷者の近親、開拓農民、近隣の部落民、討伐隊員など多数が見守るなか、魔獣はひきずりこまれた。

その熊を見て、アイヌの夫婦はこんなことを言った。

「わしらは雨竜郡から来たのだが、この熊は数日前雨竜で女の人を食い殺した手負いに違いない。きっと、実弾とその女の人が着ていた赤い肌着の切れ端が出るはずだ」

また、方々から集まったマタギのなかに、

「この熊は、旭川方面で女を食い殺して来たばかりの奴で、肉色の脚絆《きゃはん》が出てくるぞ」

と言う者もいた。

さらに、熊を撃ち捕った山本兵吉は、

「この熊は、天塩国の山で飯場の炊婦を川ぶちで食い殺して逃げ延びた奴に違いない。それで数日前から三人組のアイヌに追われ、苫前に逃げてきたんだ」

と、言った。本当に言ったとおりの物が出てくるのか、群衆は半信半疑で解剖の開始を待った。

いよいよ解剖が始まった。マユが食われたのは五日前、ところが胃の中から、マユが愛用していた葡萄色の脚絆が片方、それに絡みついて頭髪が摘出されたのである。さらに赤い布切れ、肉色の脚絆が続く。右後肢からは、かなり古い実弾が摘出された。

予言どおりの物が次々と摘出され、群衆は唖然とするばかりであった。泣き出す者、わめきだす者も出て、狭い室内はしばし興奮の坩堝《るつぼ》と化した。遺物は全てアルコール漬けにされ、保存されることになったというが、その真偽と行方は、取材した方々の証言からは得られなかった。

魔獣の皮は板枠に貼り付けられ、長いこと会館前で天日乾燥され衆目を集めた。この魔獣を一目見ようと、遠くは旭川、留萌、稚内方面からも見学者が集まるほどであった。この熊の皮は毛が荒く毛ずれや古い傷もあって質は悪かったが、その長さは三・六メートル、幅は二・七メートルにも及ぶ大きなものであった。会館前でも、毛皮を棒で叩くなど憎しみに満ちた仕置きは絶えなかったという。

# 第五章　史上最悪の惨劇を検証する

開拓農家十五軒は、開拓地の中央を流れる六線沢に沿って、右岸に十軒左岸に五軒と別れて、建てられていた。熊に侵害されたのは六線沢の右岸にあった十軒すべてであり、左岸にあった五軒はすべて難を免れた。これは、時期的にみて厳寒の渡河を嫌ったためか、単なる歩行のしやすさを選んだかのいずれかであろう。

特筆すべきは、九日、十日、十二日と三度にわたって太田家が侵害されたことである。この一事をもってしても、いかに執拗な魔獣だったかを知ることができる。十二月九、十日の二日間における死者は六人、負傷者は三人であるが、重傷者の一人、梅吉は、古くから治りにくいといわれる「熊傷」がこうじ、季節の変わり目の度に患部が化膿し、二年八カ月後に幼い命を落とした。

死者の数に臨月の胎児を含めると、結果的に一連の死者は八人、重傷者は二人となる。家畜の被害は、鶏を飼っていた十軒の全てが受けた。夜具は十軒が揃って破られたほか、衣料品は、婦人物が重点的に被害を受け、外にまで持ち出された。主なものは腰巻、肌着、石湯たんぽ、履き物などである。この熊の既往が正しいものとすれば、最初に襲って味をしめた女性の持ち物に執着したものとうなずける。

九死に一生を得た勇次郎は、第二次世界大戦に召集を受け戦死した。また力蔵、ヒサノの兄妹は、母ヤヨの深い愛情にこたえて孝養の限りを尽くした。こうしてヤヨは、八十二歳の天寿を全うしたのである。

一方、重傷だったオドは意外にも早く快復し、冬山で働けるようになった。しかし、翌年四月、伐採現場からの帰途、仲間の制止もきかずに近道しようと、六線沢の明景家裏の丸木橋を渡り、足を滑らせて濁流に飲まれて亡くなった。

一連の被害を顧みるとき、二つの大きな特徴に気がつく。

一つは開拓民の命の次に大切な馬が一頭も犠牲にならなかったことである。

今一つは、屋内が滅茶滅茶に荒らされながら、ただの一軒からも火災が起きなかったことである。

またこの事件全体を振り返るとき、反省事項のきわめて多いことが分かる。三毛別流域の御料林は昔から熊の出没が多いことで知られているが、取り立てるほどの人害はなかった。こうした安心感が、開拓地への再三にわたる熊の出没にもかかわらず、この対策をないがしろにしてしまったこと。また、一部の射手で迎撃し、手負いにしてしまったのは初歩的な失策といえる。これは、「獲物は猟者の独占物」という風潮があって、連携プレーによる駆除体制が培われていなかったことにも原因がある。

さらに被害を深刻にしたのが、熊の生態と習性への無知であった。最初に襲われた太田家は、すでに熊の所有下にあり、食い残しがあるうちは熊が再び現われるのは、ごく当然のことである。事件後は一刻も早く遺体を移し家を空けるべきであった。

こうした措置は百戦錬磨のマタギであれば、当然知っていなければならなかったことである。さらに反省事項としてあげられるのは、銃器、銃弾の点検不備などである。熊狩り本部の設置が三日後というのも、いかに僻遠の地とはいえ、遅きに失したといわざるを得ない。

この事件から、熊の行動やパターンとされる定説が改めて確認されたのでいくつかあげてみる。

一　火煙や灯火に拒否反応を示さない
二　遺留物があるうちは熊はそこから遠ざからない
三　遺留物を求めて何度でもそこに現われた
四　食い残しを隠蔽した
五　最初に味を覚えた食物や物品に対する執着が強い。トウキビが四度も集中的にねらわれたことや、婦女子の衣料がことさら被害を受けた
六　行動の時間帯に一定の法則性がない
七　攻撃が人数の多少に左右されない
八　人を加害する場合、衣類と体毛を剝ぎ取る
九　加害中であっても逃げるものに矛先を転ずる
十　厳冬期でも、冬ごもりしない個体は食欲が旺盛
十一　手負い、穴持たず、飢餓熊は凶暴性をあらわにする

失神状態にあって難をのがれた、明景ヒサノと胎児がまったく無傷だったのは、抵抗しない者や死んだふりをした者を襲わないというよりは、他に食うものがあったから無視したものと考えられる。

マユの遺体は中央のトドマツの根元に埋められていた

## 死傷者宅の傷害状況　昭和三十九年（一九六四）当時

傷病名は、古丹別営林署嘱託医の平井雪松氏に諮って決めた。

| 氏名 | 年齢 | 戸籍 | 傷害状況 | 備考 |
|---|---|---|---|---|
| 太田　三郎 | 四十二 | 戸主 | | 十二月九日の出合い作業に出役不在 |
| 阿部　マユ | 三十四 | 内縁の妻 | 死亡後林内に連れさられ完膚なきまで食い尽くされた | 被災時小豆の選別をしていた模様 |
| 蓮見　幹雄 | 六 | 蓮見嘉七三男 | 死亡　頸部裂創右側頭部穴創 | 太田家に子供が無かったので六歳の時から実子代わりに預けられていた。死亡当日太田家に入籍 |
| 長松　要吉 | 五十九 | 寄宿人 | 重傷　右手右臀部右大腿部裂咬創 | 婦女子たちの守りとして明景宅に避難中被災 |
| 明景安太郎 | 四十 | 戸主 | | 大正五年四月河中に転落死亡<br>十二月九日より所用で鬼鹿に出向き不在 |
| 〃　ヤヨ | 三十四 | 妻 | 重傷　頭部顔面裂咬創三十数針縫合 | 昭和三十八年七月八十二歳で病没 |
| 〃　力蔵 | 十 | 長男 | 被害なし | 十二月十日は雑穀俵のかげにかくれ九死に一生を得た |
| 〃　勇次郎 | 八 | 次男 | 〃 | 十二月十日はヒグマに組み伏せられたが九死に一生を得た<br>昭和十七年第二次世界大戦に従軍戦死 |
| 〃　金蔵 | 三 | 三男 | 死亡　頭部肩部胸部裂咬創 | |
| 〃　梅吉 | 一 | 四男 | 重傷　頭部咬創 | 被災二年八カ月後、後遺症により死亡 |
| 〃　ヒサノ | 六 | 長女 | 被害なし | ヒグマの闖入に失神無災のまま九死に一 |

| | | | | |
|---|---|---|---|---|
| | | | | 生を得た。二児の親として室蘭市に在住 |
| 斉藤石五郎 | 四十二 | 戸主 | | 十二月九日の惨事の急使として苫前にあり十日は不在 |
| 〃　タケ | 三十四 | 妻 | 死亡　右側胸部腹部右大腿部裂咬創 | 主人不在のため子供を連れ明景宅に避難中被災 |
| 〃　永次 | 十五 | 長男 | | 鬼鹿小学校に在籍不在 |
| 〃　勇次郎 | 九 | 次男 | | 〃 |
| 〃　巌 | 六 | 三男 | 死亡　左大腿部臀部肩部胸部裂咬創 | 母に伴なわれ明景宅に避難中被災 |
| 〃　春義 | 三 | 四男 | 死亡　肩部胸部裂咬創 | 〃 |
| 〃　ハマ | 十三 | 長女 | | 鬼鹿小学校に在籍不在 |

## 恐るべき偶然の一致

この熊害史上最悪の事件の経緯を顧みて、いささか気になることがある。それは偶然とはいえ、不思議な一致があまりにも多いことだ。

幹雄の母、蓮見チセは、事件の取材が縁で、力昼からたびたび古丹別の私の官舎に遊びにみえた。すでに八十を超す高齢であったが目も耳もよく、とてもそのお歳には見えなかった。今も私の脳裏に焼き付いているのは、取材した際のチセさんの次のことばである。

「マユが亡くなった十二月九日の未明、夢枕に立った幹雄が、『太田のおばさんが、こんな姿になってしまった』と言って、両端に二本ずつより歯が残っていない木の櫛を見せた」

　私はこの話に背筋の寒くなる思いがした。

　すでに述べたとおり、マユは頭骨と膝下の両足より残さぬ無残な姿となって、トドマツの根元の雪中に埋められていたのである。とかく大事件には流言飛語がつきまといがちなものだが、このように一笑に付されない現実だってあるものだと思う。

　二つ目は斉藤タケが明景家に避難する道々、突然立ち止まって同行の婦人に、自分の太股をたたいてみせ、「私の股なら肥えてうまいから、熊も食いごろだろうね」と言ったこと。さらに、太田家の通夜の場に立ち寄った谷喜八が、「今夜はみてろ、九時ころ必ず熊が来るぞ」と悪態をついたこと。また、明景家に立ち寄った宮本由太郎が、「今夜は女や子どもが多いから、きっと熊が狙いにくるぞ！さしあたり肥えてうまそうな斉藤の母さんかな」、と名指しで予言したこと。

　不思議な事象はこれにとどまらないのである。これまで太田三郎の後追いなどしたこともなかった幹雄が、九日の朝に限って、「出合い現場について行きたい」

と散々駄々をこねたというのである。子どもも心にも不幸を予感し、これを避けようと必死に訴えていたのかと思うと不憫でならない。

被害者を見ると、斉藤家、明景家、蓮見家が共に三男を、斉藤家、明景家が共に四男を亡くしたこと。斉藤家、太田家、明景家の妻女が揃って三十四歳で、女性の後厄にあたっていたこと。この三軒とも揃って主人が難を逃れているが、いずれも出合い作業や所用で不在だったことが明暗を分けたこと。

難を免れた太田家と斉藤家の主人は、共に男の厄年にあたる四十二歳であった。また不幸に見舞われたこの三軒はあたかも選り抜かれたように、一軒おきに建っているのである。ことに被害の烈しかった斉藤家、明景家の家族構成がまったく同じだったばかりか、難を逃れたのが、両家共に主人、長男、次男、長女とまったく同じだったこと。さらに、助かった男性全員の名の末尾に、郎の字がつき、両家の次男の名が共に勇次郎と同名であった。全く人害も家屋侵入も受けなかった五軒の中に、同名の〝富蔵〟が二人いた。また、大川春義（後出）は、亡くなった斉藤春義と同名で、祥月命日が惨事発生の十二月九日、というのも奇しき縁というほかない。

霊界には常識や科学の力をもってしても、解明できない何物かがあるように思われてならない。重なる偶然の一致を、読者諸賢はどのように解釈することだろうか。

「サバサキの兄」山本兵吉

見事、魔獣をしとめた山本兵吉は酒好きでも名を知られていた。その彼は日ごろの借金もあって、そのかたに鉄砲を質に入れて猟を休んでいた。十一月に池田家の軒下に熊が何度か現れたことも、十二月九日の事件ももちろん彼の耳には入っていなかった。その彼が十日の夜遅く熊狩りに加わったのだ。

それはたまたま猟を思い立ち、三毛別の近くに来ていて耳にしたからであった。彼が十一月に起こった池田家の熊の出没さえ知っていたなら、九日の悲劇も、十日の惨劇も起こらなかったものと、だれもが悔しがった。

人々は彼の腕前を評して、ヤマドリ（エゾヤマドリ）、キネズミ（エゾリス）などは、実弾一発で仕留めたと伝えている。

若いころ樺太で熊をサバサキ包丁で刺し殺したことから、「サバサキの兄」とあだ名がついていたことは既に述べた。孫の山本昭光氏によれば、祖父の兵吉は年がら年じゅう山野をかけめぐるマタギで、一説では生涯に捕った熊は三百頭を超えたともいう。時に飲むと荒くなることもあるが、いたって面倒見もよく、やさしい面を持ち合わせていたという。兵吉が、日ごろ愛用していた猟銃は日露戦争の戦利品で、トレードマークの軍帽はいつも離さなかった。昭和二十五年、九十二歳の天寿を全うした。鬼鹿方面の山をよく歩き、川村治郎兵衛家にはよく泊まり、冷酒を馳走になったといい、その地方では「宗谷のダンポ」の名で通っていたという。

彼の功績は、吉村昭さんの小説『羆嵐』やテレビドラマ・演劇『羆嵐』における主役、銀四郎となってよみがえった。そこには孤独で頑固な老マタギが、黙々と熊狩りに専念する一途な姿があった。

## 前例なき長期報道

一頭の熊による惨事が前後十三日間の長きにわたって報道されたという記録は、今後も破られることはないだろう。

現地の周章狼狽の様子は、取材内容にもよく現れている。被災日、被災者数、被災状況、人名、年齢ほかに大きな相違が見られるのである。

大正初期の通信機能は当然のことながらごく拙いもので、加えて雪深い苫前の開拓地からでは、想像を絶するものがあったはずだと古老はいう。

北海道庁に九日の太田家の被害第一報が入ったのは十二日、十日の明景家の第二報も十二日といった遅延ぶりであった。新聞紙面で事件をいち早く報じたのが、『北海タイムス』と『小樽新聞』の十三日付で、事件発生五日目、『函館新聞』はなんと十一日目の十九日であった。事件の起こった地域から北海道庁のある札幌区までは約百八十キロメートル、健脚であれば雪道とはいえ三日もあれば到着できる距離である。

現場から遅々として情報が入らぬためか、『北海タイムス』は、十五日から十八日の間の空白に、明治三十七年から大正三年までの十一年間に起きた人畜被害を連載物「熊物語り」（上・中・下・下の二）として埋めるなど、努力の跡をうかがわせている。先ず、同紙が報道した大正四年十二月十三日から二十五日に至る、熊害事件記事のタイトルをのぞいてみよう。

十三日　大熊　人を喰ふ

十四日　熊害公報 苫前の大椿事
十五日　熊物語り（上）過去十一年間熊に喰ひ殺された人
十六日　熊物語り（中）過去十一年間熊に喰ひ殺された人
十六日　大熊と死傷十二名（熊は未だ捕獲されず人心頗る恂々の有様）
十七日　熊物語り（下）過去十一年間熊に喰ひ殺された人
十八日　熊物語り（下の二）過去十一年間熊に喰ひ殺された人
二十日　巨熊遂に殪る　猛悪無比の苫前の大熊五百名で銃殺
二十一日　熊害大惨事の詳報
二十二日　熊害大惨事の詳報（続）
二十三日　熊害大惨事の詳報（続）
二十三日　閑是非
二十五日　熊害大惨事の詳報（続）

次に、参考までに十三日、十四日、二十三日付の記事を抄記する。

**――大熊　人を喰ふ**（十三日）

「苫前村サンケベツに大熊現れ去十日二名喰ひ殺され又十一日夜も五名殺され五名負傷し大恐慌中」(苫前電報)

―熊害公報　苫前の大椿事(十四日)

「昨紙欄外掲記の如く九日午後七時頃天塩国苫前郡苫前御料地サンケベツ農家に巨熊乱入し太田幹雄(九)を咬殺せし上其母マヨの行方不明になり多分猛獣が咬へ去りしものならんとの電報道庁へ達したるが引続き十二日又もや巨熊民家を襲ひ五名を殺し五名を負傷せしめたりとの公報あり道庁保安課よりは直ちに羽幌警察分署へ向け地方青年会の重立つもの及旧土人《あいぬ》をして獲殺せしめ民心を安ぜしめるやう打電したれば同分署長菅貢氏は署員並びに村民を督励し熊退治に大活動せりと」

―閑是非(二十三日)

「中央政壇には首相の大隈が現れて帝国議会は大暴れに暴れ議員三百余名総立となって大格闘を演じた△北海道の苫前ではホントの大熊が現れ人を喰殺すこと七名負傷者十数名実に前代未聞の珍事である△茲年《ことし》ホド熊公の跋扈する年は

ない致処熊害頻々実に惨鼻を極めて居る△苫前の熊公は廿人の鉄砲持と五百人の青年団とで到頭射留めたようだ△中央の大熊は脚は一本でこそあれ狂暴無比で昨年以来暴れ廻って居るが未だに討留めることが出来ない△此の調子では議会中は愚ろか議会後と雖容易に人手にかゝり穴籠りする模様は見へぬ（後略）」

次に、『小樽新聞』が報じた熊事件のタイトルをのぞいてみよう。

十三日　猛熊七名を咬殺し五名に重傷を負はす（十二日苫前発電）
十六日　古丹別の青年大挙して熊狩
十九日　山に吼え野に嘯き　老幼数名を咬殺した猛熊狩
二十日　猛熊漸く退治せらる　三毛別界隈の住民始めて安堵す（十九日苫前発電）
二十二日　猛熊を退治したとき　決死隊銃先揃へて撃出だす
二十四日　不安の六昼夜　苫前三毛別猛熊退治後聞　上
二十五日　不安の六昼夜　苫前三毛別猛熊退治後聞　中
二十六日　不安の六昼夜　苫前三毛別猛熊退治後聞　下

二十九日　決死隊に十円

一月二十七日　熊撃名人山本兵吉を訪ふ（上）三毛別で猛熊を撃った男

二十八日　熊撃名人山本兵吉を訪ふ（下）三毛別で猛熊を撃った男

ここに十三日と二十九日付の記事を抄記する。

――猛熊七名を咬殺し五名に重傷を負はす（十三日）

「十日苫前郡苫前村字三毛別にて二名猛熊に殺され又々翌十一日夜も五名咬殺され五名は重傷を負ひ全村目下大騒ぎなり」

――決死隊に十円（二十九日）

「既報三毛別の熊害事件は其後部落一同より決死隊銃手七名に対し謝礼として金十円を贈りたれば銃手連は打斃せる熊（時価五十円）を被害者に香典として贈りたり」

『函館毎日新聞』は、災害発生五日後、次のタイトルで事件を報じている。

十四日　猛熊七名咬殺　五名重傷を負ふ
十六日　大袈裟な熊狩　道庁よりの命令

また、『函館新聞』は、遅れること実に十日、次のタイトルで事件を報道した。

十九日　未曾有の熊害　嬰児を喰ひ殺す　人足五百の総出

最後に、『北海道報』（明治四十四年創刊の『札幌毎日新聞』を、大正三年に改題した夕刊紙）大正四年十二月十七日付をのぞいてみよう。

「去る九日午後七時頃苫前郡苫前御料地サッケベツ農家太田某宅に一頭の大熊乱入し幹雄（九つ）を咬殺し其母親を咬へ去り十二日又もや同村に巨熊現れ五名を嚙殺し五名を負傷せしめたりと（苫前発）」

以上の各紙からもうかがわれるように、現地の混乱と狼狽、遅延したわけが手にとるようである。

## 埋もれた苫前事件の謎

実は大正初期の苫前事件は、不思議なことに、それよりも古い明治初期に起こった丘珠事件の陰にかすんでしまった。なぜか。この謎にはそれなりの理由がある。

この事件に見る限り、「熱しやすく冷めやすい日本人」の性格を物語っているように思われてならない。前項の「前例なき長期報道」を、読んでお分かりと思うが、苫前三毛別事件は北海道民を恐怖のどん底におとし入れた、世界にも類をみない大惨事だったのである。その事件が埋もれてしまったのは、まるで「のどもと過ぎれば熱さを忘る」という人間の性《さが》をみせているようでもある。

埋没の謎を探るには、まず明治十一年一月、札幌郊外の一寒村丘珠原野で起こった、熊事件（札幌丘珠事件とよばれる）を念頭に入れておくと理解が早いと思う。史家として著名な高倉新一郎は、『熊の話』（観光社・昭和二十五年十月刊）「二、人喰熊の話」の項で、冒頭に丘珠事件を希有の大事件として取りあげ、苫前事件をその従にして、次のように記している。

「この熊は剝製にされ、開拓使の仮博物場に陳列され、明治十四年八月明治天皇行幸の節天覧に供し、その後北海道大学の博物館正面に飾られ、腹中からでた遭難者の遺物のアルコール漬とともに、見る人の心胆を寒からしめた。

札幌に遊んだ人々は、明治天皇に扈従した人々の紀行『随覧紀程』『こたく日棄』等をはじめ、多くの紀行に記録され、殊に明治十九年山縣有朋、井上薫等につきしたがつて来道した三遊亭円朝等は、その著『椿説蝦夷ばなし』にこの物語をおりこみ、当時の有様をおもしろく語つている。真に北海道の名物で、北海道の熊を語るもの、この熊の話のおよばないものはないといつてもいい。

（中略）

同様な惨事は、大正四年十二月十一日天塩国苫前郡古丹別村三毛別御料地（苫前市街より南へ七里半）で起つた。農家を襲つて母子を喰殺し、その通夜の晩、隣家に侵入、男一人、妊娠中の女を一人、幼児三人を殺害し、家中を荒し、村人によつてしとめられた時、腹の中からまだ生々しい人体の一部がでたという。丘珠の熊の再現のような話だが、時とところをえなかつたためか、それほど有名ではない」

とある（筆者注、この文中にも、被災月日、被災人数、性別ほかに多くの誤りが見られる）。

わが国熊害史上、三番目の惨事である丘珠事件がこのように名を馳せたのは、なによりも事件を伝承する正確な記録が、逸早く残されたこと、事件が文芸作品となって広く伝承されてきたことに加え、胃中から出た被害者の遺体が丁重に保存され、加害熊を剝製として残し、しかも、これらが長い年月広く公開されてきた経緯によるところは大きい。

ことに、明治天皇の天覧は、北海道民にヒグマ事件の残忍性を深く印象づける結果になった。こうした人身事故の天覧は、今日といえども、異例中の異例といえよう。

残念なことに、苫前事件では、新聞報道以外に信憑性ある事件記録も物的証拠も、残されていなかった。さらに、丘珠事件は、大都市札幌に隣接するという地の利を得たが、苫前事件は道北西僻遠の、一寒村三毛別の六線沢で起こった。高倉新一郎が、いみじくも記した、「時とところをえなかつたため」、というのは当を得ていると思う。

かくして苫前事件は、丘珠事件の陰に埋没した、と言っても過言であるまい。

丘珠は、いまや札幌市内の空港として知られている。事件地跡には、鉄筋三階建の丘珠小学校が立ち、学窓からは多くの人材が巣立った。今昔の感とは、正にこのことのようだ。

## 魔獣はいまどこに

### ――熊の皮

苫前三毛別事件は広く巷間に知られるところとなり、翌大正五年、芸人による遺族救済の芝居が、鬼鹿の共栄座（興行主・三上富一）によって、留萌ほかの各地で上演された。この折、この熊皮が使用されており、三毛別からは討伐隊員の一員だった農夫、林灌吉さんが、エキストラで出演している。

ことに鬼鹿では、札幌在住の川村治郎兵衛さんの祖父が大切にしていた熊皮が、魔獣の皮と一緒に使われている。少年時代この芝居を見た川村治郎兵衛氏によれば、その惨劇のシーンは障子の陰で行われ、熊の目玉に豆電球が灯されていたのが特に印象に残っているという。しかし、芝居を見た山本兵吉や討伐隊員たちには、肝腎の場面の描写が稚拙ということで不評を買ったそうである。この芝居は長く続かなかった。それはあまりにも残忍なため、衆目の共感を得られなかったからとか、その筋から中止の勧告が出たからともいわれるが、そのいずれかは全く定かでない。

さて、問題の熊の皮の行方にふれておこう。熊の討伐に率先参加し、大いに貢献した決死の銃手七人に対する報酬という記事が、大正四年十二月二十九日付の『小樽新聞』に、「決死隊に十円」のタイトルで次のように掲載されている。

「既報三毛別の熊害事件は其後部落一同より決死隊銃手七名に対し謝礼として金十円を贈りたれば銃手連は打斃せる熊（時価五十円）を被害者に香典として贈りたり」

以上から、魔獣が売却されたことは明白であるが、高額な点から推して、おそらくは皮と熊胆《くまのい》の込み価格かと思われる。この熊皮が芝居の興行に使用されたという点から推せば、おそらくは興行主の手に渡ったものと考えられる。その後の行方については杳として不明のままであるが、丈夫で大きなものだけに、見失うなどとは考えられず、火災で焼失でもせぬ限り手から手を経、どこかに大切に保管されているか、この様ないきさつの品とは知られぬまま、梱包され、物置にでもしまい込んであるのでは、と思われてならない。

一説に、「北海道開拓史の一頁を飾る貴重な文化財として、北大植物園の博物館に展示している」とか、教職にある人から現物を博物館で目撃したなどの話もあったので、北大植物園に勤務する阿部永助教授（当時。その後、教授となられ一九九七年に退官）に伺ったところ、それはなにかの誤認であり、魔獣の皮が博物館に入った事実はない、との返事であった。

## 熊の頭骨

頭骨は、古丹別に在住する故・上牧久太郎さんの所有になった。上牧さんはたまたま昭和五、六年にかけ、国鉄羽幌線の延長工事、鬼鹿―古丹別工区間の測量担当主任として国鉄旭川保線区（現ＪＲ北海道旭川支社）より出張し、古丹別に滞在していた主任某氏とじっこんの間柄になった。それで上牧さんは、昭和六年の秋、その主任が離任するに当たって、記念にこの頭骨を寄贈したことが、子息の上牧豊道さん（元旭川営林局人事課長）にお尋ねしてわかった。主任某氏の所在については、何分にも古い話であり調査することはできなかった。上牧豊道さんは、この熊の犬歯一本を記念に持っていたが、函館在任中昭和九年三月の函館大火にあって焼失した。その犬歯が欠けていたのは、開拓民の石湯たんぽを嚙んだときのキズであった。

## ―熊の骨格

唯一の遺留物として探索可能なのは、骨格の一部である。

私が考証した昭和三十六年当時、現存していた三渓小学校の教員宿舎の敷地に、事件の当時小沢があった。解剖した後に、骨格は頭部を除き、すべてこの沢に投げられたと、多くの証言が得られたのである。恐らく付近を発掘するなら原形をとどめているものと思う。

## ―熊の肉

熊の肉は、被害者や遺族の一部を除き、解体現場で大鍋や石油缶で煮て食べた。最初はためらっていた者たちも、被害者への供養、魔獣への報復ということで肉をかみしめたが、しなくて（硬くて）味も悪かったという。

中には、あばらにたまった生血をすする者が何人か出て、並いる者は目をそむけたという。

熊肉を食べた苫前村三線（現苫前町香川）の鍛冶職某の息子は、何とその夜から家人に咬みかかるなど乱暴がはじまり、日が経つにつれ遂には家具・建具などを壊しはじめ誰彼の見境いなく危害を加えるようになった。しかも、その仕草は熊そのものであったから、これは熊の祟りに違いあるまいと、その息子を無理やり引き立て、苫前村の法華寺妙宣寺を訪ね、卦を立ててもらったところ、「正しく熊の祟り」との御託宣。近親縁者が祈りに明け暮れたところ、うす紙を剝ぐように快方し数日でもとに戻ったという。人々は、死後もなお止むことなき魔獣の悪業に、恐れおののいたのであった。

肝腎の熊胆は、熊をしとめた山本兵吉の所有になったとか、幹部やマタギで分けあったとも、取り沙汰されている。

## 大川春義氏の偉業

熊狩り本部になった大川与三吉の三男春義氏は、事件当時数え六歳であった。「子ども心にも当時の出来ごとがあまりにも恐ろしく、熊がにくらしくてたまらなかった」としみじみ述懐する。

温厚で知られる大川春義氏が、農業を営むかたわら名マタギとしてその名を馳せるようになったのは、強烈な衝撃が氏にその報復を誓わせたことによる。死者一人に対し熊十頭というのが当初の悲願であった。事件当時、死者六人のほかに臨月の胎児がいた。重傷者三人中の一人は、二年八カ月後治りにくいといわれる「熊傷」がもとで亡くなった。かくて死者は八人にのぼった。春義氏が熊撃ちを志したのは、第二次世界大戦が始まった昭和十六年のこと、三十二歳のときであった。かくて、昭和五十二年、氏が銃を置くまでの三十七年間、夏は営農に汗し、余暇には、銃をしょって山野を跋渉した。このうち陸軍に応召の三年間と、休猟四年間を除く三十年間の成果は百二頭にのぼる。

このうち氏が単独で捕獲したもの七十六頭、地元古丹別の医師平井雪松氏、同じく自転車店主加藤儀一氏、三渓の農業辻優氏との共同捕獲が二十六頭ある。これら掛け値ない捕獲頭数は、あだやおろそかな努力では達成できぬ偉業である。氏の銃おさめを記念した百二頭目の頭蓋骨を、私が恵贈いただいたのも、なにかの縁と思っている。

氏を偲ぶとき、忘れられない言葉がある。それは、「これまで食べた覚えのない米の飯を鱈腹食べた喜び」というのである。氏ばかりか、辻亀蔵氏や池田亀次郎氏も、同じことを語っていた。

開拓民にとって、阿部マユと蓮見幹雄は初めての死者であった。その死をいたみ、どこの農民もなけなしの白い米を炊いた。白い米はお盆か正月でなければ口にできない希少の品、ソバ・ムギ・カボチャ・馬鈴薯が常食の開拓民にとっては雲の上のような高級食だったのである。

氏の偉業は、捕獲数にとどまらない。ヒグマ百頭捕獲の大記録を達成した昭和五十二年には、これを記念して三渓神社境内に、斉藤春義ほかを祀る壮厳な慰霊碑を自費建立し、寄贈された。その大川春義氏は、いま三渓で静かな眠りについている。

## 反響を呼んだ事件記録

歳月が経つのは早いものである。私が、「獣害史最大の惨劇苫前羆事件」を発表したのは、昭和三十九年十二月、時あたかも事件発生五十年目であった。

かえりみれば、遠く巷間から忘れ去られようとしていたこの開拓哀史が、異彩を放つ数々の文芸作品に形を変え、末長く伝承されるようになったことは、この事件を考証し、調査記録にまとめた私にとって、大きなよろこびである。

昭和四十年、作家の戸川幸夫先生は、『小説新潮』八月特大号に、〃北海道の某部落を一瞬の内に恐怖のどん底へ叩込んだ架裟掛け羆の残虐な実録〃として、「羆風《くまかぜ》」を書き下ろした。先生はその後更に、『北海タイムス』に、「文平とその仲間　第四話　羆荒《くまあ》れ」と題する小説を連載された。

先生が苫前三毛別事件に、いかに深い関心をお持ちであったかは、「領主」（『オール讀物』昭和三十九年五月号）発表後、さらに二作を発表された執念からも十分くみとることができるのである。

ここで、「羆荒れ」（昭和五十年一月二十五日～四月二十一日）の〃野性の裁き〃の一節をのぞいてみることにしよう（文中、文平とあるのは戸川幸夫先生、犬神教授とあるのは犬飼哲夫北大名誉教授、本村善太とあるのは私木村盛武のことである）。

——文平はそこまで一気に書きあげてから、筆を置いて、次の文句をじっと考えた。それがこの小説の結びをなす文章であるだけに、力強い印象を与える主張を書き加えたかった。

この物語は、大正四年に発生した北海道天塩国苫前三毛別開拓村の人食羆事件に取材したものであった。わが国に於ける獣害史上、人間に対する被害がもっとも大きく、また残ぎゃくを極めていたという点で、特筆すべきものであった。

文平は数年前にこの話を、羆の研究家として知られている北海道大学の犬神教授から聞いた。文平は異常な興奮を覚え、執筆欲をかり立てられた。そこで犬神博士にこうて、資料を借り、ある雑誌に、短篇として発表した。その小説は友の間では好評であったが、文平は満足しなかった。この程度にしか書けなかったことを、資料を提供してくれた犬神博士に対してすまないと思った。

作家という者は、自分で満足できる作品が書けた場合は、もうそれに似た作品の創作はしたくないものだが、満足出来なかった場合は、何度でも挑戦してみようという気になる。

ところが雑誌の編集者は、こちらが満足したような作品を見つけると、

「ぜひ、あのようなものを書いて下さい」

と依頼してくる。皮肉なものだと文平は常々思っていた。彼のこの短篇が他

誌の編集者の眼にとまらなかったことは、文平はいい塩梅だと思った。ようし、この上は、苫前まで出かけて行って、自分の眼と足とで現地視察して、当時の関係者を捜し出して、取材し、血の通ったもっと大作を創り上げてみようと考えていた。

そう考えながらも、いろいろの雑事に追いまわされて、北海道行きを一日のばしにしていると、ある日、一通の手紙を受けとった。

差し出し人は、古丹別営林署の本村善太とあった。記憶にある人ではなかったので、とにかく開封してみた。

手紙には冒頭で『いきなり面識のない自分がこのような手紙を差し上げる非礼をお許し下さい』と、あいさつが述べられていた。そして、『実は前任地の大雪営林署に居たころ、あなたの三毛別の人食羆に取材された小説を読み、自分の職業が、いささか羆とも関係があるので、御作品を参考にして、北海道の羆の害というものについて調べたいと考えていたところ、こんどはからずも三毛別を管内にもつ古丹別営林署に転勤となりました。そこで、正確な記録としてこの羆害事件を書き残して置きたいと思います。つきましては、御作の一部を引用させて下さい』といった内容であった。

文平はすぐに、お役に立つならどうぞお使い下さい、と返事を出した。

そんなことがあったので、文平はしばらく三毛別に行くのを延期した。それから半年ほどして、文平は本村から分厚い報告書を受けとった。本村の苦心の調査だけあって、その報告書は正確を窮めていた。

彼は、その辺りの地形を―それも当時のものを―ちゃんと調べ、生えている植物や、森林や開こん地や、開拓民の家の配置などを克明に記し、当時のことを知る人人、遺族の一人一人、生存者などを丹念に訪ねて、この報告書を作成したらしく、もはや余すところのないほどに、資料としては立派なものになっていた。

これほど完全な資料がある以上、もはや三毛別を訪れることは不必要であった。

文平は本村に宛てて、この報告書をもとにして、創作をしたいが許可してほしいと申し入れた。

いま文平が、ようやく書き上げようとしているこの小説が、それであった。

文平は再び筆をとる。……

次いで、作家・吉村昭先生の著作『羆嵐』（新潮社・昭和五十二年刊）出版の経緯についてふれたい。

昭和四十九年の一月、旭川営林局の勤務室の電話が鳴った。それは吉村昭先生からのもので、貴著「獣害史最大の惨劇苫前羆事件」を小説化したいので、お会いした上で直接承諾を頂ければ、という事前の連絡であった。

先生は著名な作家として活躍されており、作品を通して人柄を存じあげていたので、お会いする約束をした。その翌月、先生は記者二人を同行し、旭川空港に降り立った。打ち合わせは、私の勤務先旭川営林局の広報室で行われた。趣旨に賛同した私は、二つ返事で承諾したのであった。この事件を作品にする上でのむずかしさにふれ、先生はその著書『冬の海』（筑摩書房・昭和五十五年刊）で、次のように述懐されている。

——その後、旭川に行って木村盛武氏にも会い、調査記録を参考資料に使わせていただく諒解を得、御教示もいただいた。

私は執筆に入った。事件が余りにも劇的で、それだけに文学の世界の中で咀嚼するのは至難だった。それまで四年ほど取り組んでいた記録小説からの脱皮を考えていた私は、事実を基礎にしたフィクションとしてこの素材をかみくだき、再構築することにつとめた。八カ月ほどして三百五十枚の小説を書き上げたが、こまかい砂粒の中に小石がまじっているように、事実の素材が生のまま残されているのが不満だった。私は、この小石をさらにこまかく砕かねばならぬと考え、一年間放置して客観的に見直す時間を作った上で、さらに一年間を要して初めから書き起し、ようやく完成させた。私が最も苦しんだ小説の一つであった。その小説は、「羆嵐」と題して新潮社から出版された。

昭和五十二年五月のことであった。

ある日、吉村先生から電話が入った。それは、『羆嵐』が、テレビドラマとして、読売テレビ・東映より放映されることになった、といううれしい知らせであった。

この知らせからややあって、今度は倉本聰先生脚本の『羆嵐』が、ＴＢＳのラジオドラマとなって全国に放送されたのである。よいことは続くもので、ラジオドラマは、昭和五十五年度第七回放送文化基金賞を受けたのである。

昭和六十一年四月には、ユニークな劇団として知られるＧＭＧ（芸術名作劇場・東京）が、『羆嵐』を舞台化、音声と手話による東京公演を開催し、大変な好評を博した。演劇面にはずぶの素人の私であったが、熊の生態や、当時の開拓民の生活、北国の風習などの面での指導を依頼され、一週間ほどつきっきりで団員と同じ釜の飯を食う生活をおくった。団員は、ほとんどが若い男女であったが、その道を志し、固い決意で入団された方々だけに、芸に注ぐ熱意と旺盛な研究心、その真剣な生活ぶりには、大いに感銘を受けたのである。

舞台での演出は、犠牲者の亡霊、ヒグマと銀四郎の対決シーン、開拓民の生活を黒衣を着て表現、心理描写をするなど、福祉の面にも目を向けた異色なもの、五幕十三場、二時間三十分に亘る熱演であった。参観された吉村先生も演技を高く評価され、「真剣な人たちで結成された劇団ＧＭＧの晴舞台に、作品『羆嵐』がのぼったことは、この上ない喜び」とおっしゃっていた。

なお、吉村先生は、百二頭の悲願を成就された大川春義氏を讃え、『小説新潮』（昭和六十一年二月号）に「銃を置く」と題する作品を発表された。

## 苫前くま獅子舞

苫前町の、無形文化財第一号に、「苫前くま獅子舞」が指定されたのは、昭和五十七年三月一日であった。かつて栄えた羽幌炭坑の築別鉱大山祇《おおやまづみ》神社から、獅子頭を譲渡されたのが機縁となって、苫前町くま獅子保存会が発足、会員のなみなみならぬ努力によって誕生を見たものである。

郷土芸能となった苫前くま獅子舞は、大正四年の苫前三毛別事件を扱ったもので、その構成は、開拓に汗する農民、厳冬の開拓地を襲う巨熊の惨劇、立ち直る農民の三部からなっている。二十数名の会員の、試行錯誤から生まれた芸能だけに、見る者をして思わず手に汗をにぎらせるほど堂に入ったものである。初披露は昭和四十九年十一月九日、古丹別児童会館に於て開催された文化祭芸能発表会の席上、四百人の住民を集め盛大に行われた。

展開されるのは、これまで人っ子一人住まなかった森林跡地の山麓に、マサカリをふるいクワをとる開拓民の真摯な姿。ほとんどない収穫や労苦も、明日を夢見るかれらには苦にならなかった。そんな年の暮も近づいた十二月、そこに忽焉として現れた巨熊が、地獄絵図を展開する。

恐怖におののき逃げまどう開拓民。大討伐隊を尻目に狼藉の限りをつくす巨熊。そこに現れた百戦錬磨の老マタギ。悪戦苦闘の末、やっと巨熊は撃ち止められる。農民は悲しみを克服、立ち直り、ふたたび畑づくりに精魂を打ち込むという筋書。見る者をして感動を呼ばずにおかぬこの芸能、その評価は高く、各地の公演にも招かれ好評を博している。

そして昭和六十一年には、道文化財保護功労賞を受けるまでに成長した。しかし陰には大きなネックもある。「当初三十人余りだった会員も、転出、高齢化などで現在は半数にまで減り、その維持・立て直しに悩む」、とは苫前町連合町内会長で、くま獅子保存会会長中野吉春さんの言である。

## 主な証言者

幸いなことに証言を頂いた三十余人の方々は、四十六年も前の出来ごとながら、事件が事件なだけに、かなり克明に記憶されており、その正確さにはなによりも驚かされた。ことに愛児を失い、通夜の席でクマに踏みこまれた蓮見チセさんは、八十二歳の御高齢ながら昨日のことのように正確に記憶されており、生々しく証言して下さったので、私自身が襲われかかっているような錯覚におちいったものである。またチセさんは、隣村の力昼から何度も古丹別の営林署官舎まで歩を運んで来られ、未報告の分を思いだしては教えて下さった。

内縁の妻マユとの間に、子の居なかった太田三郎は、知人の蓮見嘉七の三男・幹雄六歳を強引に引き取り、わが子同様に可愛がり育てていた。

一方の両親も、入学を迎える相当以前にはおそくとも引き取る予定でいたというが、それもかなわぬままこの被災となった。太田三郎のたっての願いで、被災当日幹雄はあらためて、太田家長男として入籍されたのである。

これらの経緯を語ってくれた老母チセさんのまなこに、光るものがはっきり見られた。

取材中、ご迷惑をおかけしたのは、妊娠中の母親を亡くされ、弟二人を失った苫前町の武田（旧姓斉藤）ハマさんであった。私は、二度怒鳴らんばかりにして追い払われたのであるが、真相の究明になんとしても力を貸して頂かなければ、その完璧さは期し難かったし、胸中察して余りあるものを覚えたのであるが、あきらめられずに悶々としていた。

そんなある日のこと、札幌に向かう列車内で偶然同席した苫前町の女性が、「ハマさんなら、よく畠で見かけるよ」と教えてくれた。私は外でなら門前払いを食うこともなかろう、いま一度、真相を尋ねなければならないわけを聞いてもらわなければと、土・日を狙って苫前町に出掛けた。こうして三度目に、畠でハマさんとお会いすることができたのである。

ハマさんがクワを置いたとき、私の真意を汲んでくれたことがはっきりうかがえた。「そんな記録を残されるのなら、知っていることはお話しします」、とおっしゃられた。そのお顔には、かつてのかげりはなく、救われる思いであった。別れ際に、「写真だけは勘弁して下さい」、と済まなそうにいわれた言葉に、事件の重大さと、肉親の情の深さを思い知らされたのであった。

**主な証言者　昭和三十六年（一九六一）当時**

| | 年齢 | | |
|---|---|---|---|
| | 聴取時 | 事件時 | |
| 蓮見チセ | 八十二 | 三十三 | 実子を失ない、太田家の通夜の席で熊に踏み込まれ九死に一生を得た。 |
| 花井吉次郎 | 七十七 | 二十八 | 討伐隊員として活躍。 |

| | | | |
|---|---|---|---|
| 平田孫作 | 七十七 | 二十八 | 事件の一部始終を見聞。 |
| 徳井一男 | 七十三 | 二十四 | 〃 |
| 岩崎テイ | 七十 | 二十一 | 〃 |
| 池田亀次郎 | 六十八 | 十九 | 軒端のトウキビを三度に亘り荒らされた。太田家の通夜の席で熊に踏み込まれ、九死に一生を得た。討伐隊員として活躍。 |
| 辻亀蔵 | 六十八 | 十九 | 討伐隊員として活躍。実家は一時重傷者の避難所になった。熊の侵入を受けた。 |
| 松永米太郎 | 六十八 | 十九 | 太田家の事件直後、何も知らずに乗り馬で家の前を通り血痕を見ている。討伐隊員として活躍。 |
| 伊藤タケ（旧姓数馬） | 六十三 | 十四 | 熊の侵入を受けた。 |
| 武田ハマ（旧姓斉藤） | 六十二 | 十三 | 母親と弟二人を避難先の明景家で亡くした。 |
| 明景力蔵 | 五十九 | 十 | 熊の侵入を受けて母親は重傷、弟一人が殺され、もう一人の弟は二年八カ月後後遺症で亡くなった。本人は穀俵の陰にひそみ九死に一生を得た。 |
| 池田力子（旧姓松村） | 五十八 | 九 | 野積みのトウキビを荒らされた。熊の侵入を受けた。後に池田亀次郎さんと結婚。 |
| 大川春義 | 五十二 | 六 | 生家が熊狩り本部になった。事件の一部始終を見聞し、長じて犠牲者の仇討ちを志し、熊百二頭をたおす。 |

## ヒグマ談義

三毛別事件は、一時全道民を恐怖のどん底におとしいれ、新聞は大々的にこれを報道した。古老の中にはいまなお鮮明な記憶をもっている方もおられると思う。当時はことに、開拓者、農山村民、林業関係者間に大きく取り沙汰され、ことに御料林の職員にあっては、管内に起こった大事件だけに、否応なしに真相を把握しておかねばならなかった。

この当時、帝室林野管理局（現営林局）が札幌区にあり、出張所（現営林署）は羽幌村に、分担区（現森林事務所）は古丹別にあった。汽車は留萌まで、ここから奥地へは乗り合い馬車か乗馬にゆられ、海岸沿いに羽幌入りした。しかし乗り物は高額でなかなか利用できず、ほとんどが一日がかりで歩き通した。

留萌〜苫前間の乗り合い馬車運賃が一人七円、特別仕立ては十五円、というのでおどろいたが、当時の官吏の俸給を見ると、中級の本官技手（判任文官）で五十円前後、米一俵六円前後というので、二度びっくりした。こんな状態であったから、上局からの出張者もごくまれで、高官技師（高等文官）のご入来とあれば、林業関係者はもちろんのこと、村をあげての歓迎でひと騒動したという。

出張者は、仕事より先に事件の顚末を所望、めったに聞けない生の声を聞きただしてから被害地を見て回った。出張所長や分担区員は随時これに応えねばならなかったから、微に入り細にわたって実態を知っていなければならなかった。当時は娯楽など普及しておらず、遠隔僻地のこと故、酒でもてなし、ヒグマ論議で手ぶり身ぶりよろしく演技を披露したものという。

昭和六年八月、羽幌線が古丹別まで開通の運びとなった。これを契機に出張来村者が目立つようになり、苫前の名は広まるようになった。この翌夏、木曽支局長から札幌の支局長に転じた井上重則技師の初巡視があった。その晩は宴もたけなわになり、クマ騒動に話題が及ぶと、やおら立ち上がった分担区員の後藤謹吾技手が、手真似足真似よろしく二時間ほど大熱弁をふるった。

くだんの池田家の大騒動には全員腹をかかえてころげ、明景家の惨劇には、思わず手に汗にぎり、熊風では惨状に思いを新たにした。かくて支局長よりおほめの言葉を頂き、分担区員は、株をあげたということである。

こうした催しは御料林ばかりではない。事件翌大正五年の秋、苫前村で在郷軍人の点呼があった。その夕べ、査察官の歓迎会が盛大に行われた。指名されて立った九区（現九重）の青年会長花井吉次郎さんが、例の池田家での騒動のくだりを演じたところ、抱腹絶倒された査察官は、翌日も同氏を呼び出し、熱演を所望した。

花井さんが討伐隊員として活躍されたことはすでに述べたが、池田家の出来ごとは一部始終知っているだけに、演技は真にせまったものであった。時の流れには抗すべくもなく、真相を伝授できる者がいなくなったのはさびしい限りである。

## その後の開拓地

魔獣に汚された開拓地、連日のように降りつづく雪、一部の開拓民は、縁者知人を頼り早々にこの地を捨てた。だがこうして部落を離れられるのはごく恵まれた人たちであった。厳寒な年の瀬に、大方は行く先とてなかった。

なによりも破壊されつくした家を修理しなくてはならぬ、それは一刻も一時もおろそかにできない緊急事である。事件がなければ、楽しい筈の正月準備にかかろうとする矢先の出来ごとであった。

女子どもの中には悪夢に悩まされ、風が吹けば「すわ熊か‼」と身をすくめ、樹上からの落雪にも神経をとがらせた。だが開拓民は互いにはげまし合い助けあって、なんとか、年越しだけはできそうな普請を終えた。とはいえ、なんの補償も、なんの義捐も得られぬ開拓民の冬ごもりは、あまりにも厳しすぎた。

夜具・衣料もないままに、マキをくべ続けてはその熱で衣料代わりにした。ある者は、ニワトリを飼えば屋内が暖かくなると、ニワトリをふやした。やがて事件以来休校していた分教場も半月ぶりに開校した。

この頃からやっと開拓民に笑みがもれるようになった。やがて待ちに待った春が近づいた。ニワトリの産卵もやっと元にもどった。だが外は深い雪の山、この分では五月一杯消えそうにもない。開拓地には餌を求めるキツネやウサギの肢跡がいつになく多い。熊もやがて冬ごもり穴から出てくる頃である。いつまた起こるか知れぬ不安がふとよぎる。

沢べりにはヤチブキ（エゾノリュウキンカ）が萌え出、フキノトウが姿を現しはじめた。そして野鳥のさえずりもちらほら聞こえ出した。春はもう足元までやってきた。かくて五月も半ばをすぎたが荒地を開く気迫もうすれ、うつろに辺りを眺めるばかりであった。傷心の太田三郎は、この翌春早々家を焼き払い、知人を頼って羽幌方面に移ったが、いつしか郷里東北の河辺に戻ったという。風の便りではその後程なく病没したそうである。

かくて一人去り二人去りし、翌大正五年の暮には、川下から二軒目の辻橋蔵家ただ一軒を残すのみとなってしまった。

広漠の荒野に営農する辻氏にとって、長い孤独との闘いが始まったのである。開拓者の中にあって、人一倍、農を愛した松村、吉川の両家さえ恐ろしさのあまり住居を移して通い作に転じてしまった。

開拓民が四散したあとの六線沢には訪れる者とてなく、農地は荒れるにまかせた。やがて、事件のことも忘れ去られた昭和二十一年、大阪方面から「難波開拓団」と称する六軒が入殖してきた。戦中戦後の無い無い尽くしをいやというほど味わってきたこの人たちに、荒蕪の地とはいえ、新開地は恵みの大地、と映じたにちがいない。

六軒の中には、この地でいまわしい大惨事が起こったことを知らない者すらいた。勇躍郷里を後にした彼らも、聞くと見るとのあまりの開きに一人去り二人去り、昭和三十三年頃には僅か三軒を残すのみとなった。それは開墾と農作業、雪や寒気の厳しさだけではなく、四十数年前の大惨事を聞かされたからで、開拓地に熊が入り込むようなことはなかったものの、周囲を巡らす国有林には熊の出没が絶えず、その都度不吉の感に襲われるのであった。それに追い打ちをかけたのが医療問題である。

通院には、遠く十九キロメートルも三十キロメートルも離れた古丹別市街か苫前村まで出なければならず、冬季の通院には馬橇を仕立てなくてはならず、馬は三渓の農民の厚意に頼るほかなかった。その労苦のほどは、とても筆や舌に尽くせるものではない。

私が古丹別営林署に勤務していた昭和三十六年から四十一年には、難波開拓団の三軒が六線沢に残っており、三渓からの通い作の人達と仲睦まじく営農に汗していた。しかし、昭和四十五年には、最後まで頑張り通した開拓団の一軒も、遂に大阪方面に引きあげた。

現在は居住者不在の農耕地となったが、三渓地区からの数軒の通い作によって、林間水田はみのり、ムギ畠、ソバ畠、馬鈴薯畠、あるいは果樹栽培畠となって、林間に緑をたたえている。のどかに波打つ水田やトウキビ畠に目をやる限り、それはいずこにも見られる平和な田園風景である。木材を搬送するトラック、開鑿《かいさく》道路に往き交う頻繁なトラック、遠路ドライブしてくる観光客、もうそこには往時の片鱗すら見られない。

戦後、国有林野事業実行のため、開設された六線沢の縦貫自動車道は、将来の開通を目指す〝道道苫前小平線工事〟の着工によって、路線の随所が変更、埋没、あるいは道に移管されるなどして、これまで自動車道沿いに点在していた十五軒の開拓農家の位置は、そのほとんどが痕跡を消してしまった。

しかし幸いなことに、事件後の六線沢開拓地の佇まいを撮り続けられた人がいた。この方は既に他界されたが、昭和十六年から昭和二十八年まで十二年間に亘り、六線沢開拓地に隣接する三渓小学校（一九九〇年に廃校）の校長先生として在任された、関三雄さんである。多忙な教職の傍ら、視聴覚教育資料作成のため、余暇を得ては近郊まで赴き、汗する農山漁村民や開拓民の姿、近傍の佇まい、冠婚葬祭やもろもろの行事、展開する大自然の風物と、数々の記録写真を撮られた。

その遺作は、関三雄写真集『三渓の四季』として、開拓記念館に勤務する御子息関秀志さんの編著によって出版された。戦中戦後の物のなかった時代、カメラなど高嶺の花、ほとんど普及していなかった。このような時代に、農山漁村の佇まいを巧みにとらえた貴重な写真は、この作品をおいてあまりない。心あたたまる数々の作品からは先生の人柄が偲ばれ、開拓民とのあたたかい交流がよみがえってくる。

## 復元成った事件地

事件発生七十五年後の平成二年（一九九〇）七月、三渓地区住民の熱意によって、災害当時の開拓地を復元した佇まいが、苫前町と町民有志の献身的な奉仕によって、六線沢に完成した。これは昭和五十九年、苫前町にオープンした郷土資料館のメイン展示〝開拓小屋を襲うヒグマ〟同様迫力に満ちた構図であり、見学者をして開拓民の苦難の日々を偲ばせ、犠牲者の冥福を祈らずにはおられぬ趣向に満ちている。しかし、災害跡地に復元とはいっても、明景家跡は既に道道の下深く埋没してしまい、付近の状況も大きく変貌したため、二キロメートルほど奥地にあって地林況の酷似した国有林古丹別事業区二十八林班に隣接する開拓地の一部が当てられている。この場所は、六線沢最奥から二軒目にあった斉藤石五郎家と、三軒目にあった岩崎金蔵家の中ほどに位置している。

事件復元地と古丹別市街を結ぶ道道十九キロメートルは、その名もベアーロードと名付けられ、交通も一段と便利になったため、遠路見学に訪れる人は跡を絶たない。

# 第二部　ヒグマとの遭遇

# 第一章　北千島の人食いヒグマ事件と私

私が熊に興味を抱き、ひかれるようになって八十年近くになります。はじめて熊を見たのは二、三歳の頃、母に連れられてよく入った北大植物園博物館の、入口に仁王立ちになった、あの巨熊でした。

生家がすぐそばだったので、物心つく頃の遊び場は、いつも植物園でした。当時、園の生け垣は根曲竹で、地面との間に大きなすき間があって自由に出入りできたものです。いかめしい制服制帽の巡視が二、三人いて、園内を見回っていましたが、悪さもしなかったし、近くの子供と知ってか、別にとがめられもしなかったのは、ありがたかったと思っています。

大正時代の札幌に、デパートと名のつくものは、丸井今井と五番館しかありませんでした。その丸井今井の二階か三階だったと思いますが、鉄おりに入った大きな熊が、二頭別々に飼われていました。動物園などあることすら知らなかった時代です。あの雄大といおうか、たけだけしい姿にすっかり魅せられてしまいました。それを見るのが楽しみで、なんど足を運んだか知れません。

ことに、すぐ側のジョン・バチェラー博士の家に、時折熊皮の刺し子を着たアイヌの老人が出入りするのを見ることもあって、熊は子供の頃から親しみある動物でした。それに、父が道庁の林務官だったことから、熊の話をよく聞かされて育ったことが、熊に興味を持つようになった動機と思っています。

私に、より一層熊に関心を抱かせ、研究心をもたせてくれたのは、学生時代実習で赴いた北千島幌筵《ぱらむしる》島で出くわした、後述の熊事件です。十八歳にして初めて遭遇した大アクシデントであり、二度とこのような不幸は、何人にも味わわせてはならない、といつとはなく思うようになりました。それは私の職業柄でもあったのです。

貴重な体験によって得られた知見は、広く公表することに意義があると思うのです。ここに挙げる数項目の中から、少しでも吸収し、現地での実践に役立てていただけるなら、本望です。

## 見えない恐怖

　ほとんどの人がそうではないかと思いますが、林内の一人歩きには不安と恐怖がつきまといます。私自身、あの音はもしかして……、あの曲がり角あたりに熊が……、あの黒っぽい伐り株はもしかすると熊では……、熊がうしろからついてくるのでは……、などと、人一倍神経をとがらせたものです。戦時中、遠軽《えんがる》営林区署に勤めていた頃、野上事業区で見かけた被雷木は、その焼損部がいかにも熊が立った姿そっくりで、同行者と驚きの声をあげたことがあります。また、中頓別営林署時代には、はるか彼方のウシの鳴き声にも、耳をすませ立ち止まったりもしました。タケノコ採りでにっちもさっちもいかないブッシュの中で、こんなとき熊が出たらと、背すじの寒くなる思いをしたこともあります。このような思いは、山歩きしたことのある誰もが、味わっているのではないでしょうか。

　西海岸きっての名ハンターといわれた苫前町三渓の大川春義さんは、個人で七十六頭、共同で二十六頭を倒した戦果をもっています。そんなベテランでさえ、丸腰でキノコやブドウ採りに入った時は正直いって恐ろしい、と私に語っているほどです。

私は担当区主任だった若い頃、苗畑事業所で作業と堆肥生産用に飼育していた官馬で、よく林内巡視に出かけました。ウマも森林内は恐ろしいとみえて、野兎の飛びだす音にも、枯枝の落ちる音にも、立ち止まって耳をぴくつかせ、鼻孔を広げて警戒を怠りません。林務官に、重要任務として義務付けられた八千ヘクタールもある管轄地の巡視には、用心深いウマと共にいると何より心強く思いました。しかし、いざ熊に面と向かうと、ウマほど頼りない動物もいません。ウシは果敢に反撃を試みますが、ウマはそれに遠く及ばないからです。

一人歩きは心細いものですが、二人連れ数人連れともなれば、不思議なほど気は楽になるものです。こうした心理的効果からも、山歩きは二人以上が望ましいのです。このことは、単に熊対策の面からだけではありません。恐怖は、労働意欲を減退させ、作業能率に大きく影響を与えるからなのです。

国有林では、安全管理の面から複数での山歩きを指導しています。それは坂あり谷ありの林内では、予期せぬ転倒事故や進路の誤認だってないとは断言できないからです。一般入山者はぜひとも複数で行動してください。

私は、入山者の多くが感じるであろう不安や怯えを、〝見えない恐怖〟と呼んでいます。

あこがれの幌筵島

旧帝国海軍が出動した異例のこの人食い熊事件は、当時、日本の領土であった、北千島幌筵島の村上湾に注ぐ居相川国有林内に起こった凄惨なもので、数多くの生きた教訓を私に与えてくれました。

北千島をはじめ、住民の多かった南千島の択捉、国後両島はヒグマの生息密度が特に高く、記録すべき事件は数多くあります。しかしながら、これらの貴重な記録は限られたごくわずかの資料を残すのみで、ほとんどが埋没されたまま永久に姿を消す運命にあります。まことにもったいない損失といえましょう。

さてこの事件は、昭和十三年（一九三八）八月十三日、幌筵島の居相川右岸で発生しました。最初の記録は昭和四十年一月、旭川営林局誌『寒帯林』一一三号に発表しました。しかし同誌の読者は林業官署関係者に限られているため、一九八三年、『エゾヒグマ百科』に収録し、多くの人びとに読んでいただくことにしました。しかし、その『エゾヒグマ百科』も絶版となったため、改めて加筆修正し、本書に再録することにしました。

前回の記録発表にあたっては、同行してともに被害を逃れた級友、高見佳兵衛氏（元道立遠軽高校教諭）から、詳細な回顧記録を送っていただき、私の記憶と対比しながら書き下しました。ことがことだったのと、青年期に焼きつけられた生々しい印象なだけに執筆までに二十七年もの空白期があったにもかかわらず、記憶のほとんどに食い違いはありませんでした。

私とこの事件とのかかわりは、七十年以上前にさかのぼります。しかし、忘れようとしても忘れることのできない凄惨な現場が、生涯拭いようのない恐怖となって私の脳裏に焼き付き、今なお、想い起こすと背筋の寒くなる思いがするのです。

これはわずか二、三十分の差が明暗を分けた事件でしたが、その翌日行われた現場検証によって、さらにショッキングな事実が判明し、私の驚きは頂点に達しました。

また、この事件は「予感ととっさの判断」が、結果的に、二重遭難から私たちを救ったものとしても大きく騒がれたのでした。当時、私は北海道庁立小樽水産学校五年生でした。世界三大漁場の一つといわれるカムチャツカ、北千島四島を、この目で見て回ることは、入学以来の希望でした。

　その願いがかない、漁業実習で赴いたのが、幌筵島村上湾にある千島漁業合資会社の漁業基地でした。

## ヒグマの巣窟だった北千島

　北海道に山があり、森林があり、原野がある限り、ヒグマとの因果関係を無視し去るわけにはいきません。この体験が生かされることを願い、記憶を呼び起こしましょう。

　この村上湾一帯は、元内務省所管の北海道庁根室営林区署管轄国有林で、漁業基地のほかに島民はいませんでした。低い丘陵地帯で、海岸数メートルからうっそうたる千島特有のハイマツ林に覆われ、一度林内深く迷い込むと脱出は困難です。河川にはサケ、マスが豊富で、低木類植物（ガンコウラン、コケモモ、ツルコケモモ）がお花畠をなし、チシマライチョウ、チシマシギなどの渡り鳥も多く、自然環境は見事に保たれていました。

　昭和十三年六月下旬、初めて幌筵島の地を踏んだ私がまず聞かされたのは、北千島にはヒグマが多いというショッキングな話です。恵まれた自然環境の中で、ヒグマは適度のテリトリーを得て自由に繁殖し、その生息密度はかなり高く四百頭は越すだろうといわれていました。しかも、前年七月の白昼、ヒグマがこともあろうに幌筵島柏原湾巡査駐在所（仮設）に躍り込んだというのです。柏原湾は村上湾の十キロほど北海道寄りにあり、日本水産、北千島水産、日魯漁業などが漁業基地とする一大漁港です。当時、北千島最大といわれた、擢鉢湾基地につぐ集落だけに、ヒグマの乱入は漁民に大きな驚きを与えたといいます。幸いなことに、駐在署員に怪我はなく、事務所にも被害はありませんでした。幌筵島では、大正十三年にもヒグマに襲われ、漁場の監視人が殺害されています。

また、昭和初期の十月上旬、漁場の人々が操業を切り上げて間もなく、占守島《しゅむしゅ》から幌筵島の村上湾に泳いでくる親仔熊が望見されました。仔熊の方は慣れない長泳ぎに精魂尽き果て、上陸寸前、海中に姿を没してしまいました。母熊は狂気のようになって岸辺を探しまわり、その哀れな仕草は見るに忍びず、現地の越冬者も発砲を思いとどまったといいます。

占守島と幌筵島間の最短距離は二海里（三・七一キロ）で、村上湾はヒグマの渡りが見られる唯一の地点といわれていました。漁船ですら危険なこの時期の海峡を、なぜ親仔熊が泳ぎ渡らねばならなかったのでしょうか。ただでさえヒグマが多いこの島で、私たちが上陸した昭和十三年は、その出没がかつてないほど激しかったといいます。

## サケ、マスの遡上を見に

問題の八月十三日は、たまたまお盆の初日に当たっており漁船は休漁していました。

実習生の私たちに休暇はありませんでしたが、かねて念願だった付近の居相川にサケ、マスの遡上を見に行くため、二人でエスケープしたのです。

途中、漁夫番屋に立ち寄り仲間を誘いましたが「おらあ、魚にゃ飽きあきしているけん、だめだ」と断られ、「そういえば、二、三十分前に帳場さんと漁夫の二人が川のぞきに行ったから、後を追えばすぐ追い着くよ」と教えられたのです。そこで、同級生で柔道二段の猛者、高見佳兵衛君と私が、すぐに後を追うことにしました。

居相川は、川幅が広いところでせいぜい四、五メートル、村上湾に注ぐ小流ですが、この川のサケ、マスの遡上は圧巻といわれていました。

北千島特有のお花畠を横断し、おおよそ二百メートル歩き居相川の下流につきました。ここで先発の二人の足跡をみつけ、私たちはこの足跡どおりに川を上《のぼ》ることにしました。

水面をのぞいて、私は目を丸くしました。煮え返るような渦の中に、サケ、マスの大群があたかも黒い帯のように、ひしめき合いながら遡上していくのです。魚体がまるでコンベアーで移動しているようです。北千島が世界三大漁場の一つといわれるわけを眼のあたりに確認したのでした。八戸育ちで魚には慣れっこの高見君も、ただ嘆声をもらすばかりでした。

二人は、夢中でサケを突きまくり川岸にほうり投げました。面白いほどよく獲れます。道具は鉄棒をくくりつけた手製のヤス一丁。

さらに川上へと進みました。空はあくまでも青く、雲一つなく、風もまったくありませんでした。さぼったかいがあった、とにんまりする二人。とにかく初めての経験に胸のふくらむ思いでした。

先発二人が刺し上げたサケが川辺にびくついているのを見ながら五百メートルも進んだとき、川べりにめり込んだ無数の熊の肢跡を発見しました。前肢の跡は、掌幅約二十センチ、後肢の掌長約二十四センチもあります。私がヒグマの肢跡を目撃したのは、これが初めてでした。にもかかわらず、二人はなんの不安も感じませんでした。

なおも私たちは川を遡りました。先発の二人のヤスにかかったサケが、点々と横たわっています。

こうして、村上湾河口からおよそ二キロ近くも遡った辺りから、ヒグマの肢跡はますます繁くなり、どうやら何頭もいるらしいことがわかりました。しかも最初のヒグマよりやや大きめです。そのうえ、素人目にもこれがヒグマの糞とわかるものが散見されだしたのでした。

ヒグマにたたき上げられたサケが、点々と残がいをきらつかせています。いずれも七十センチを超す大物ばかりですが、後頭部のあたりが食べられているだけです。生きてピクつくものもたくさんありました。なんてもったいない食い方をするものかと、あきれました。このような食べ方は、この地方独特のものだったのでしょうか。

## 恐怖の惨劇現場

基地を出発して一時間あまりもたったころでしょうか。急に川が屈曲し、あたり一面にアシが繁り、極端に見通しの悪い所にぶつかりました。

先発の二人の足跡とヒグマの肢跡が砂地に深く交錯し、不気味な陰影をみせています。恐れを知らぬ私たちは、ずい分肢跡があるなあ、としか感じませんでした。

この時、ちょうど二時二十分ころです。まったく無風なのに、そばのアシ原が大きくゆらぎました。のちにわかったことですが、これは私たち二人の接近を察知したヒグマが、食害中の漁夫の体から離れ、アシの茂みに軀をかわした瞬間でした。

まず私がその場に踏み込むと、アシが一面に踏み倒され、得体の知れないものがはずれに横たわっていました。それは見るも無残に変わり果てた人間で、土にまみれた肌の色は例えようのないほど不気味なものでした。被害現場は、十七平方メートルほど円形状にアシがなぎ倒され、小柴とアシに衣類がからみつき、一目でヒグマが人間を振り回した跡であることがわかりました。

遺体はほぼ全身が素っ裸で、ずたずたに引き裂かれ、わずかに漁夫特有の長靴が左足に残るだけ。頭髪はすっかり剝ぎ取られ、頭蓋骨が割られて脳みそが流れ、右眼はえぐられてなくなり、左眼は抜け落ちて頬骨にからみつき、耳、鼻、唇、頬肉が無く、胸骨が露出していました。腹部に内臓はなく、肛門付近に大きな穴があき、不思議なことに一滴の血液も見られませんでした。

降って湧いたような凄惨な光景に、二人は呆然とするばかり、ヒグマが眼と鼻の先にいるとは露知らず、こわごわ死体に触ってみました。もちろん、被害時刻を知るためです。

異様な臭気が鼻をつき、死体にはまだ温もりがありました。〝これは殺されて間もない〟と思ったとたん、先刻の、「二、三十分前に二人が出発した」という言葉がグサッと胸にささりました。

とんだところに来てしまった、と後悔してみたものの後の祭りです。いきなり逃げ出してはかえって危ないと立ちすくんでいると、いまにも背後から襲われそうな予感がして震えが止まりません。猛者でならした高見君もさすがに顔面蒼白でした。

第六感というか、どうもヒグマが近くに潜んでいるような胸騒ぎがします。瞬間、何ともいえない熱気と異様な動物臭を感じました。ほとんど同時に、三十メートルほど前方のアシ原が大きくざわめきました。風はまったくないのに、です。

「クマだ逃げろ！」高見君が絶叫しました。二人は夢中で丘陵を転げながら突っ走りました。どのようにして、どれくらい走ったものか、われにかえった時、百人ほどの漁夫たちが下から発砲したり、石油缶をたたきながらやってくるのが見えました。先に逃げ帰った帳場さんの知らせで、救援隊の出動となったのです。

「地獄に仏」とは、まさにこのことをいうのでしょう。

同時遭難のおそれありと見られていた私たち二人の生存を、一行は喜び迎えてくれましたが、私たちはその場に座り込んでしまいました。

## 事件の真相

現場検証は、柏原警察官駐在所員や柏原駐在漁業会社専属医師、広田医師らによって実施されました。

運命の十三日、帳場さんと気の通った漁夫が川のぞきに出かけたのは、私たちより二、三十分ほど前でした。彼らは盆休みを利用し、初めての川のぞきだったそうです。

二人は、夢中でサケを刺し上げ、ほどなく巨大なヒグマの肢跡を川沿いに発見しています。やがて肢跡はますます繁くなり、恐ろしくなった帳場さんは、再三戻ろうと漁夫を促したといいます。しかし、面白いほど獲れるサケの群に夢中の漁夫は、いっこうに耳をかさず「こんな肢跡、三日も前のものだ。びくびくするな」と、なおも川上へ川上へと進んで行きました。

帳場さんはしぶしぶ川の大きな曲り近くまで従いましたが、辺り一面に生えるアシの茂みを見ていよいよ恐ろしくなり、またまた戻ろうと促したそうです。そこで帳場さんが立ち止まり小用を足しているさなか、事件が発生したのでした。

とつぜん、二十メートルほど先の漁夫が、「ウワーッ」と絶叫しました。川面ばかりに目をやっていた漁夫が、川辺でサケをねらっていた巨熊の目前に飛び込んでしまったのです。

思わず振り向いた帳場さんは、そこに大きく立ちはだかり前肢をふりかざす巨熊の姿を目撃したのでした。彼は夢中で逃げだし、番屋に転げ込んでことの次第を告げました。

私たちの身代わりとなり犠牲になった漁夫は、函館下海岸の出身で、二十七歳になる独身の若者でした。

基地は上を下への大騒ぎとなり、ただちに救援隊が招集され、被害現場へ向かったのです。武器は銃二、三丁のほかは、スコップ、フォーク、こん棒といったものでした。

翌十四日から、折から占守島片岡湾の海軍基地に停泊中の北洋警備駆逐艦三隻から、海軍の将兵十数人が、十数日間にわたる異例の出撃となりました。しかし軽機関銃や九九式短小銃で、漁民らとの共同作戦だったにもかかわらず、北千島特有のハイマツ林に阻まれ、ついに人食いグマの姿すら見ることができなかったのです。

## 事件から得られた教訓

救援隊の先頭が被害現場近くに到着したところ、突然巨熊が死体のそばから飛び出したといいます。

さらにショッキングな事実は、私たち二人の接近を察知したヒグマが、とっさに遺体から逃れ、二、三十メートル離れたアシ原にひそんでいた、という驚くべき報告でした。私たち二人は、ヒグマにとって最も大切な獲物のかたわらに数分間もつっ立っていたのです。さらにヒグマが潜んでいたアシ原には、遺体に向かって弧が描かれ、たくさんの肢跡がついていたといいます。ヒグマは、虎視眈々と私たちを襲う機会をうかがっていたわけです。私たちの第六感といおうか、予感はまさしく適中していたのでした。

あの時、もし先発の二人がいなかったなら……。帳場さんと漁夫が途中で引き返してしまっていたら……。恐ろしい想像だけが浮かび上がり、血のひく思いがしたのでした。逃げるものを追いかける習性のある熊の近くにいて、私たちが襲われなかったのは、まさに奇跡としか言いようがありません。

この事件では次の教訓が得られました。

一、ばったり出会った場合、とっさに襲われることがある
二、満腹の時でも人畜を襲い、食害することがある
三、餌の豊富な場所にはヒグマも集まりやすい

四、ヒグマは何か（ここではサケ漁り）に熱中している場合、かなり接近しても気付かないことがある
五、食い残し（この場合は人体）があるうちは人間が接近しても、遠くまで逃げない
六、殺害後、被服、体毛のすべてを剝ぎ取る習性がある
七、殺害から食害までに二、三十分もかからない
八、食害の最もひどいのは、顔面、下腹部、肛門周囲などである
九、血液が遺体やその付近にまったく認められない（吸飲したものと考えられる）
十、ハイマツ地帯に逃げ込んだヒグマは、追跡が不可能である
十一、ヒグマの餌場深く侵入してはならない
十二、至近で大声を出し人間がいることを知らせても、ヒグマは逃げない場合がある

　この日をふり返ると、その前にも熊に遭遇する危険を冒していました。この十日ほど前にも私たちは川のぞきに挑戦したのです。その時は、無謀にも基地から川への最短距離に挑んだため、ハイマツの樹冠（クローネ）の上を二時間あまり

這い続けたあげく、目的の川はおろか、ほうほうのていで出発地に戻りついたのでした。

## ハイマツの島

ここで、いささかハイマツの話にふれてみたいと思います。

幌筵島は、北千島四島の中では最大で、その面積は二十万四千ヘクタール余りあって、終戦まで根室営林区署が管理していました。島はすべて、国有林とされていましたが、見るべき樹木はなく、施業は行われていません。しかし、海抜数メートル地帯からハイマツの群落が見られ、貴重な高山植物も多く、これら植物の監護取り締り、山火事予防あるいは漁業会社に対する土地の貸付業務などが多く、漁期の五月頃から十月頃まで、主に根室営林区署からの派遣担当区員数人が駐在していました。

島に渡ってまず驚いたのは、北海道や本州では、亜高山帯以上でなければ見られないハイマツが、低地の方々に群生していることでした。ハイマツは、強風や汐風などの影響を受け、樹高は高くてもせいぜい二メートル、樹幹は枝と複雑に交錯し、丁度大蛇が数匹もからみあったようです。それに、半年間にも及ぶ積雪の重圧で、その堅固さと太さは、本州のハイマツの比ではありません。潜るなどは及びもつかず、陽光はとどかず、地面を見ることさえできません。

ハイマツ帯を通り抜けるには、樹冠の上を〝這いずる〟、言いかえれば、〝泳ぎ渡る〟以外にないのです。これは、決してオーバーな表現ではありません。その様子を表した記録があります。

一九〇七年の『羅臼村勢状況調書』羅臼—宇登呂間の横断踏査報告をのぞいてみましょう。

「懸崖ヲ、斜メニ攀ヂ登リ漸ク這松ノ平原ニ達シ、枝上ヲ伝フテ寸進尺退、時ヲ費ス約六時間ニ及ビ、積雪皚々タル一嶺上ニ出ズ」とあります。

このように、生々しい実感は、ハイマツ帯を踏破した者でなければわからないと思います。それにしても、「枝上ヲ伝フテ寸進尺退」とは、ずばりその困難ぶりを言い当てていて興味深く思うのです。

ハイマツは、その名のとおり〝這松〟と書きますが、語源は〝幹も枝も地面を這うようにして茂る松〟、という意味からです。まことに的を射た呼称と感心するのですが、私なりにいま一つ付け加えておきましょう。ハイマツ帯をよぎるとき、〝樹上を這いずらなければ越えられない松だから〟と。

　熊は、ハイマツの樹冠を縦横に這いずり回ってその種子を漁ります。熊がハイマツ帯を駆け渡る姿は恐怖を超えた迫力があり、樹冠に憩う姿は、一幅の絵巻といいます。

　全島高山植物とハイマツ帯に彩られた幌筵島、点在する大小さまざまの沼、青春時代の三漁期を過ごした北涯の地。返らぬ今となっては、なにもかにもがなつかしく、いつの日かふたたびこの地を踏んでみたいものと、思わずにはいられません。

# 第二章　ヒグマとの対峙

日頃私は、林務官が熊と接触するのは恥ずかしいことと公言してきましたが、ある日林内作業中に危うく大惨事になりかねない体験をしました。この件の顚末を顧みますと、プロという驕りが、不用意な接触を招いてしまった、と反省せずにはいられません。それというのも、作業現場では何度か引き上げなければならない危険な兆候があったにもかかわらず、その都度私の一存で作業を強行してしまったからです。このような油断と不手際が再び起こらないことを願い、恥を忍んで当日の生々しい状況を克明に再現してみることにしました。

## 二十メートル先に熊がいる

昭和五十年（一九七五）のことです。私たちが旭川営林局の天然生林固定成長量試験地定期調査のため、金山《かなやま》営林署東占冠《しむかっぷ》国有林パンケシュル沢、一二七林班「い」小班に出張中に発生したものです。

〈九月十八日九時四十五分頃〉試験林下方の湿地帯に、前日以前のものと思われるヒグマの肢跡と植生の掘り返し跡が数カ所あるのを発見したので、全員に注意を促し、調査中はつとめて大声を出し、各人警笛を鳴らしあい、十分な警戒体制をとりながら作業にかかる。このためか、この日は特に異常はなかった（しかし、午後二時から三時頃の間、中村正二技官と私は、遠方にヒグマの唸り声を何度か聞いている）。

〈九月十九日九時三十五分頃〉前日の地域に、生々しい肢跡（前肢掌幅十二センチ、後肢掌長推定十八センチ）と植生の掘り返し跡が多数あるのを発見する。このため前日よりいっそう注意を払い、しきりに警笛を鳴らし、大声を出し、調査にかかる。作業の進行上やむを得ず山側と沢側の二班に分かれる。

〈十時頃〉下方の組が前日の昼食場所にヒグマの糞と、前日土中に埋めておいた弁当の包み紙が掘り出されているのを発見する。

〈十時過ぎ〉六人中四人が、右手遠方に赤ん坊に似た泣き声を耳にし「なんの声か」と不審がる。

〈十一時半すぎ〉最上部で調査札を樹幹に打っていた佐藤事務官が、異様な予感と身辺にむっとするような動物特有の臭気を感じ、あたりを見まわしたが、異常はなかった。

〈十一時五十分頃〉沢側の組から昼食合図の警笛がしきりに鳴る。山側の組からも了解の警笛と大声を発する。

〈十二時頃〉再び大声と警笛で「早く戻れ」と催促が数回くる。

〈十二時五分すぎ〉林技官と私が下り、下の組に加わる。最上部の佐藤事務官がこないので、ヒグマにやられたのではなかろうな、と不吉な冗談を言いあう。

〈十二時十分すぎ〉佐藤事務官がまだ戻らないので、五人で大声と警笛を鳴らし、再度呼び合う。

〈十二時二十分から三十分頃〉ようやく佐藤事務官が戻ったので、六人一団となり、相前後して食事をとる。


しかし、このころ、ヒグマが付近にいそうな予感がした。全員の注意を喚起するため、日高山系のヒグマ事件を話題に出し、ヒグマが人間に挑戦する場合には人数に左右されないから、「いまここに六人いるからといって、絶対油断できない」と言い終わった途端……。

〈十二時三十分〉「熊がいる」と高橋技官が山を指す。予感の適中した一瞬であった。この叫びで、全員が上方二十メートル地点に横たわって六人をにらみすえているヒグマを確認する。いつ現れたのか、まったく誰も気づかなかった。日高山系事件のヒグマと、大差ない図体である。その殺傷能力に不足はない。犠牲が出ては……と不吉な予感が心中に去来する。とっさに私は「そのまま動くな。クマから目をそらすな。そっとナタを持て(武器はナタと金づちよりなし)。追われても逃げるな。熊が近づいてきたら、道具をほうり後ずさりしよう、襲われたら抵抗だ」と口早に指示していた。

しばらく沈黙がつづく……。やがて誰かが「タバコを絶やすな」といい、紫煙があがる。しかし、ヒグマは全く無反応。この間、二度ほど下方に向かって来そうな気配を見せては、ためらうような動作に変わる。いつしかヒグマは半回転。しかし、その眼は終始六人からそらさない。

「いったい、いつになったら去るのだろう……」「とにかく、行ってくれ……」

と祈るばかり。あまり動かないので「どうにでもなれ」と、やや捨てばちな気持ちになる。こうなると不思議と楽な気持ちになってくる。そのうち林技官の方から、コツコツ樹幹をたたく音がする。しかしヒグマはこれにも全く反応を示さない。いったいどうなっているのだろう。音には敏感なはずなのに。

〈十二時四十五分〉ヒグマは実に悠然ときびすを返し、まったく音もたてず側方のヤブかげに姿を消した。この間、正に十五分。

〈十二時五十分〉ヒグマは、このまま山手に遠ざかっていくものと判断、全員縦隊となり四囲を警戒しながら下山する。

〈十三時二十分〉金山警察署巡査部長派出所にヒグマの出現を通報。関係機関への連絡と駆除を依頼する。

〈十三時五十五分〉猟友会員（三人）、巡査部長ら現地に向かう。要請により私達三人は現場案内のため再度山に向かう。

〈十六時現在〉まだヒグマは発見されていない。しかし、駆除は数日間続行するとのこと。

## 事の顚末

私たち一行六人が、二十メートル山手に突然現れたヒグマを発見したのは、九月十九日十二時三十分、ちょうど昼食を終え、奇しくもヒグマの話に花を咲かせている最中でした。黒褐色（頭部金毛）、推定四、五歳、百五十キロ前後、ヒグマとしては標準の大きさです。上半身の毛を逆立て頭を左右にゆすり、時おり耳を前後にピクつかせ、にらみすえたまま、十五分間の長い対峙となりました。

この日現れたヒグマは、前日現場に残された肢跡と、同じもので、行動範囲は狭いものと判断されたので、人間の存在をいち早くヒグマに察知させ、作業現場付近に近付かせぬように配慮したことが、裏目に出たケースといえます。しかし幸い、接触は避けることができました。わずか一ヘクタールの試験林に六人が入り、大声をあげ警笛を鳴らし、音を立てながら作業していたわけですが、ヒグマは周辺を離れず、やがて作業が中断し、静寂になると、今度は食物臭の漂う至近距離まで接近、そこにたむろしていた六人と対峙し、挑戦的様相を示しました。

ここに興味深いデータがあります。六人の中で最も恐怖心の強かったのが私で、三人が私に次ぎ、二人はそれほど恐怖を感じなかったと言います。次にヒグマが向かってきたらどうしたかでは、一人だけが逃げ出したかもしれないと言い、三人は立ち向かったと言っていたことです。でも、一人が逃げた場合、反射的に同調者が出るだろうし、最悪の結果を招いたかもしれないのです。ヒグマの大きさと色相については、六人それなりに若干の違いがありました。これはどんな場合であっても、よくあることだと思います。

ヒグマは人前に現れたものの、相手が動じなかったので、出鼻をくじかれた形となり、闘志を起こさなかったのかもしれません。頭部の毛を逆立てていたのは私たちを威嚇するポーズだったのでは、と思われます。

いずれにしても六人とヒグマとの間に障害物はほとんどなく、二跳びもすればとどくほどの下方に陣どっていたので、襲われれば万事休するところ。血の気の引く思いでしたが、幸い全員が冷静に行動してくれたため難を逃れることができました。このヒグマは到頭発見されませんでしたが、ヒグマが人間に挑戦してきた場合、人間に対する行動とその反応の一片を狭い角度からですが、つぶさに観察することができ、貴重な体験となりました。

## ニアミス

ニアミスとはいっても、飛行機同士の異常接近ではありません。熊も人も互に知らないまま行き違いになっている状態を、私はニアミスと呼んでいます。一歩狂えば大変な事故になりかねないだけに、注意しなければなりません。

私のヒヤリとした体験をふり返ってみたいと思います。

私が遠軽営林区署にいた昭和十七年（一九四二）六月十九日のことです。この日造林主任の川村政志、白滝貯木場主任の古瀬長三、作業員と私の四人が、十勝石ノ沢一帯の林況観察に向かいました。沢の入口から三キロほどの地点に達したとき、目前数メートルのブッシュを何者かが横切りました。一帯の植生が大きくゆらぎ、何とも言えない異様な臭気を感じました。全員が「あっ！」と声をあげましたが、その姿を見た者はいませんでした。とにかく瞬時のできごとでしたが、ヒグマであることを全員が直感したのです。

さらに、その地点を見て再び愕然としました。湿地にめり込んだその肢型は前肢掌幅が二十四センチ、後肢掌長が三十三センチもあって、そこからは、無数の水泡が浮き上がっていました。私は、その四年前に北千島で前出の体験をしているので、心臓が止まるほどショックでした。この状況から推し量り、双方とも歩いていたことから、ヒグマも気づかなかったのかも知れません。川村氏はじめ三人は、これ以上この山にいては危険と判断、下山しようということになりました。私は戻る途中、付近の飯場跡に落ちていた石油缶を拾い、川口に出るまで叩き続けました。後にわかったことですが、十勝石ノ沢の一帯には昔から大物がいるといわれ、猟師から恐れられていたそうです。目撃した猟師の何人かは、その大きさに呑まれ、誰も発砲できなかったといいます。恐らく横切ったのはそのヒグマではなかったかと思うのです。

## ヒグマと並んで五百メートル

次は私が旭川営林局計画課試験調査係長時代に体験したアクシデントです。当時、営林局の試験地は、九項目八十五カ所あって、これが管下二十五営林署に分散配置されていました。私は十一年間この任にありましたが、アクシデントは、このうちの一項目「天然生林固定成長量試験」調査に赴いた枝幸営林署管内の志美宇丹国有林で起こりました。

昭和四十八年（一九七三）九月八日、その日の調査を終えた一行五人のうち、四人が四時頃調査地を離れ、私は皆より十分ほど遅れて現場を去りました。一五三林班のブッシュをかき分けながら、しばらく歩いていると、三、四十メートル側方を誰かが歩いているのに気づきました。私は、先に帰った誰かがキノコでも探しながら歩いているものと思って何度か声をかけてみましたが、返事がありません。それで何度も柏手《かしわで》を打ってみました。それでも一向に返答はなく、ブッシュがゆれるのがわかりました。

クマイザサ密生地では人の声など聞こえないことはよくあることだし、キノコがそんなにあるのかなあ、と思いながら一五三林を抜け、志美宇丹農道に出ました。私はそのとき背筋が冷たくなるほどのショックを受けました。先発の四人が農道に立って、私の戻るのを待っているのです。私は瞬間、ブッシュをこいでいたのはヒグマだ、と直感。そのことを伝えると、うちの二人は、私が出てきた山側のブッシュがゆれてゆくのを目撃したのでした。

クマと平行していた距離は、およそ五百メートル。それにしても、ヒグマはなぜ私に反応しなかったのかと、いまもって不思議でなりません。志美宇丹もまた、ヒグマの多いところでした。

## 出会った時の観察結果

私が体験した主な出会いの時の状態を次表に取りまとめてみました。

| 状況区分 ＼ 発生年月日 時刻 | 天候 | 発生場所 | 出没地付近の林相 |
|---|---|---|---|
| 昭和十三年八月十三日 午後二時二十分〜三十分頃 | 快晴無風 | 北千島幌筵島村上湾国有林居相川右岸、河口より約一・六キロメートル地点。 ※被害発生はこの三十分位前である。 | 二メートル余りのアシ密生、若干の低木類混生。 |
| 昭和十七年六月十九日 午前十一時頃 | 快晴無風 | 北海道庁遠軽営林区署上白滝国有林、十勝石ノ沢入口より約三・〇キロメートル地点。 | 広葉樹疎林、クマイザサに大型草本混入。落枝条多し。前日の降雨で特に地表は湿潤状態。 |
| 昭和四十八年九月八日 午後四時三十分〜三十五分頃 | 快晴無風 | 旭川営林局枝幸営林署志美宇丹国有林一五三林班志美宇丹農道より七、八百メートル地点。 | 針広混交疎林、クマイザサ密度大、広葉樹落枝条多し。 |
| 昭和五十年九月十九日 午後十二時三十分〜四十五分頃 | 快晴無風 | 旭川営林局金山営林署東占冠国有林一二七林班。 | 針広混交林、クマイザサ密度大。広葉樹落枝条混入。 |

| ヒグマとの距離 | ヒグマの状態 | 音と揺れの程度 | 人間側の対処 |
| --- | --- | --- | --- |
| 側方約三十メートル。 | 二人を襲うためブッシュを飛び出したものらしい。しかし姿は未確認。川べりで前肢掌幅二十センチと二十二センチを確認。人間を当初から探知していたと思われる。 | 植生のざわめく音はなかったような気がするが、揺れは特に激しかった。二人とも同一意見。 | 植生の揺らぎと特異な動物臭を直感し、直ちに逃げ帰る。 |
| 前方約四、五メートル。 | ブッシュを一列縦隊で進行中、ヒグマが突然前方を横切った。めり込んだ前肢掌幅推定二十四センチ、ヒグマの姿は未確認。ヒグマは人間を感知していなかった様子。 | 落枝条と植生を踏む音がはげしく、植生の揺れも大きかった。四人全員が同一意見。 | 横切られてから現場を確認して急遽下山、途中で石油缶を拾って叩きつづける。 |
| 側方約三、四十メートル。 | 人間とヒグマがほぼ一定の間隔を保ちながら歩行していた。その距離約五百メートル。ヒグマは人間を感知していたと思われる。 | 人間がブッシュをこぎ歩くときと同じ様な音がした。ブッシュの揺れが断片的に見えた。 | 先に帰った職員がキノコを採りながら歩いてくるものと思い、何度か声をかけたが返事がないため、柏手をしてみたが反応はなかった。同行五人のうち二人が反対方向のブッシュがゆれていくのを目撃した。肢跡などは全く |
| 直上方二十メートル。 | 気が付いたとき山側の至近にヒグマがいた。大きさは豚の成獣より一回り大きい。ヒグマは対峙中、一度だけ体位を半回転させた。対峙十五分後、斜め上方にゆっくり退去した。肢跡は全く認められなかった。 | 出現時、退去時ともに音も揺れも全くなかった。六人全員が同一意見。 | 十五分間ヒグマから目をそらさず、坐ったままの状態で対峙する。途中で一人が軽く樹幹を叩く。ヒグマが立ち去って数分後、一団となって静かに反対方向に下山する。直ちに関係筋に出没の状況を通 |

| | その時の人数 | 備考 |
|---|---|---|
| | 二人 | 二、三十分ほど前に先発した二人のうち一人が惨殺され、その直後被害現場に私たちが知らずに入り込んだ。ヒグマは捕獲されていない。 |
| | 四人 | ヒグマは捕獲されていない。 |
| 見られなかった。状況判断からヒグマであることにほぼ間違いない。 | 一人 | 最後に出発し、一人遅れて歩行していてこの体験をした。ヒグマは捕獲されていない。 |
| 報し、駆除を依頼する。 | 六人 | 頭部をけばだて、特に頭は大きく見えた。ヒグマは捕獲されていない。 |

## 熊除けの思わぬ効用

北海道を代表する植生のひとつにネマガリダケがあります。誰をもてこずらせる点においては、ネマガリダケの右に出るものはないと思います。ネマガリダケとは言っても、これは竹ではなくイネ科のクマザサ属の仲間です。それで正しくはチシマザサといいます。ほかに、ジダケという地方もあります。タケノコは根茎の筋目から出る若芽のことです。

道内の山林いたる所に自生しますが、生育の良好な地方では、高さは三メートル、径は一・五センチにもなります。こんな所に踏み込んでしまうと、それこそにっちもさっちもいかず、百メートルを進むのに一時間近くもかかったことが何度かありました。こんなとき、服はぼろぼろ、汚れて真っ黒になり、脚半は解けるし、踏んだり蹴ったりです。林務官ならこんな体験の二度や三度は誰しも体験済みのことです。

これに次ぐのが、クマイザサ密生地帯です。丈こそ一、二メートルと短いのですが、これに蔓でもからもうものならそれこそお手上げです。よく、クマイザサは熊との関係からこの名が付いたのかと聞かれますが、そうではなく、桿の頂上の方に何枚か掌状に付く葉があることから、九枚笹という名がついたものです。この若芽もタケノコとかササノコといわれ、とても美味です。前記のネマガリダケの異称を、クマイザサともいうからまぎらわしいのです。

さて、タケノコ好きは人間だけではありません。熊の餌場でもあるから油断できません。斜面でたらふく漁り、滑るように下がるのはお手のもの、ササやぶを自在にこぐのも熊ならではです。万一、そんなところで熊に会おうものなら、それこそ命取りです。だから私はラッパや鈴を離したことがありません。

道北に、たけの子平（現笹の平たけのこ自生園）というタケノコの豊庫があります。この山には、旧旭川、北見、帯広の三営林支局にまたがるチシマザサの巨大群落があります。例年シーズンともなれば、遠くは札幌あたりからの入山者で連日賑わいます。現地は伐開区画してあるとはいえ、点在するダケカンバと望楼だけでは、方向感覚が狂ってしまいます。山歩き専門の私たちでさえ、最もだまされ易いのがこのササやぶなのです。

ある日のこと、眼前のササやぶから出てきた三人の婦人が、倒れ込むようにして坐り込み、「ああ助かった!!　お陰でやっとのこと、ここまでたどり着きました」と深々頭を下げられました。三人は夢中でタケノコを採るうち、指定区域を越えてしまい、沢地に出てしまったといいます。歩けども歩けども元来た方向にぶつからず、熊でも出たらどうしようと途方にくれていたとき、遠くから私のラッパの音がきこえたのだそうです。ラッパの音は、近くに聞こえたり遠くに聞こえたりでしたが、とにかく音を頼って行けばと、励ましあって歩き続けたのだといいます。

熊をなによりも警戒する私が熊除けに吹いたのが、意外にも人助けとなって、まずはめでたしと、共によろこびあったのでした。

# 第三章　ヒグマが人を襲うとき

熊に襲われて亡くなったというと、動物写真家の星野道夫氏を思い浮かべる方もいるかと思います。この章では星野氏の事件の他五つの事件について述べます。私がこれらの事件をとりあげたのは、事件内容の残虐さを問うためではありません。事件中の三件は、事の起こった誘因が手負い熊だったことであり、結局は人為によるものという反省の観点に立って、とらえていただきたかったからです。言い換えれば、手負い熊を生まなかったなら、これらの事件は起こらなかっただろうとの考えからです。

また、これらの事件には、四人の現職林務官が関与しており、大松寺で重傷を負った加藤吉之助氏も、事件前までは地元の御料林の作業に従事していたことなど、私自身の職業とも深いかかわりがあり、身につまされる思いがあったからなのです。

明治二年、北海道に林政が布かれて以来百三十年、国有林、道有林、帝室林野局（御料林）の職員で、熊に襲われて殉職した林務官は、国有林の富崎富次郎氏ただ一人です。

## 星野道夫氏の死を悼む

動物写真家、星野道夫氏が一九九六年（平成八）八月八日、ロシア領カムチャツカのクリル湖畔で、ヒグマに襲われて亡くなりました。

私が星野氏と初めてお会いしたのは、一九九一年（平成三）四月十八日でした。札幌の丸井今井で開催された星野道夫写真展「アラスカ　極北・生命の地図」の会場においてです。

会場一杯に展示された作品は、さながら現地に踏み込んだ錯覚を覚えるような傑作ぞろい。私は躍動する野生動物と、広漠たる大自然の息吹きにすっかり魅せられてしまいました。並みの人のできる技ではないと感心しました。野人に似合わぬ温和な風貌、淡々と語るその端々に、芯の強さと仕事に対する熱意がうかがわれました。

「真の野生は、人間を敵視するものではなく、心を開いて接すれば恐ろしい動物ではない、アラスカの熊はおとなしい」、といった言葉が強く印象に残っています。

熊は、豹変することのある動物、常に恐怖を抱く私とは、かなり違うと思いました。私の体験からすれば、無防備でいるときほど恐ろしいことはありませんでした。ヒグマはすむ国、その地方、その流域における風習や環境によって、性質には違いがあるものと思います。

私自身、北千島の幌筵島では、九死に一生を得た苦い体験があり、翌昭和十四、十五年と私の職場があった同島では、カムチャツカの熊の恐ろしさをいろいろ聞かされています。今でも、カムチャツカでは毎年何人かが被害にあうといわれています。

こんなわけで、二度目に丸井今井の会場を訪れたとき、参考にしていただければと、体験録「海軍が出動した北千島幌筵島の人食熊事件」ほか数点をお渡ししました。彼はとても喜んでくれました。

人慣れ熊、美食を知った熊、人間の弱さを知った熊。異常環境によって野性を放棄したクリル湖畔の熊の恐ろしさを、十分心得ているはずの彼が、なぜあのような奇禍にあわなければならなかったのでしょうか。

やりたいことが一杯といっていた彼、前途洋々たる彼が最愛の妻子を残し、北涯の地に果てねばならなかったその悲運。思えば残念でなりません。

自ら愛して止まなかった大自然、そこに生き抜く動物たち、そのリアルな生態を紹介し、内外に大きな功績を残した星野氏、その彼はもういないのです。しかし、彼が残した数々の傑作は、永遠に生き続けることでしょう。

この奇禍を掲載した『ベア・アタックス　クマはなぜ人を襲うかⅡ』（S・ヘレロ著　嶋田みどり・大山卓悠訳）によって、事故の経緯が明らかにされました。

被災地が自然保護区内であるだけに、こうした野性喪失態を放任していたその鳥獣行政と、保護区の管理体制には、大きな問題があり、当局には責任もあります。帰らぬことながら、この事故は避けられたであろうと思えば、なんとも複雑な気持にさせられます。

以下、同著の「補章　星野道夫の死」より事件の概要を記します。

事故は、TBSの「どうぶつ奇想天外！」というテレビ番組撮影のため、三週間の予定で赴いたカムチャツカのクロノツキー自然保護区にある、クリル湖畔のグラシー・ケープという所で起こった。クリル湖畔は、世界有数のヒグマ高密度地帯といわれている。この地域では、以前にも人身事故が起こっており、この一行についていたロシア人兄弟ガイドの兄の方も数回襲われかかったというが、いずれも日中であり、それは突然の出会いによるものだったという。

一行は、星野氏、TBS取材班三人、ロシア人兄弟ガイド二人の六人。一九九六年七月二十五日彼らは現地入りした。そのとき、ガイドがキャビンに熊が侵入して肉の缶詰とコンデンスミルクが食われているのに気づいている。小さなキャビンに星野氏を除く五人が泊まり、星野氏はそこから十メートルほど離れた所にテントを設営したという。

七月二十七日、アラスカから別の写真家がやってきた。そのとき、彼はキャビンの外壁に熊の爪跡があるのを見つけた。キャビンが満員なので、彼は星野氏のテントから四メートル離れた所にテントを設営した。彼が寝てから六時間後、大きな金属音で目覚めた。見ると、十二メートルほど離れた食料庫の金属板の屋根の上で熊が跳びはねていた。彼は大声をあげ手を叩いた。

熊は一瞬跳ぶのを止め、彼の方をむいた。尚も大声をあげると、熊はゆっくり屋根を下り、星野氏のテントの後方に回り込むように歩いた。そのときテントから頭を出した星野氏に、「あなたのテントから三メートル後ろに熊がいるよ」「どこに?」と星野氏。「すぐそこ、ガイドを呼ぼうか」と写真家。「うん呼んで」と星野氏。写真家は「熊がいる」と叫びながら鍵のかかったキャビンのドアを叩いた。ガイドは、熊除けスプレーをもって出てきた。熊は三百キロ前後はありそう。額には特徴ある赤い傷があった。三人は大声をあげ、鍋を叩き鳴らして熊を追いはらおうとした。熊は三人を無視する様子だった。ガイドはついに七〜九メートルの所からスプレーを噴射した。写真家が見たところでは、スプレーは熊の手前で地面に落ちたようだ。熊は立ち止まり、地面の匂いを嗅ぐと、そのまま三人を無視し続けた。ガイドはスプレーの届く所に行こうと、三十分あまりイタチゴッコをした。熊はやっと立ち去った。熊はその後五、六度キャンプにやってきた。

こうした経緯が何度かあり、ガイドは星野氏に考えを変え、キャビンで寝るように頼んだ。しかし星野氏は、今までどおりテントで寝るほうを選んだ。

一方、現地に来たその日恐怖の夜を過ごした写真家は、翌日五百メートル離れた、サケ観察タワーに居を変えた。

七月二十九日、ペトロパブロフスクからローカルテレビ局の経営者がヘリでやってきた。彼が、額に赤い傷のある雄と思われる熊が、フライパンのようなものから物を食べるのを、ビデオカメラで撮影しているのを、写真家とキャンプにいたほとんどが見ているという。この巨熊は、食料をねらってヘリの窓を破ったという。

八月一日の夜、ツアーで訪れた環境保護団体のグループが、同じキャンプに設営した。

この日、サケ観察タワーに泊まっていた写真家が小旅行に出たあと、環境保護団体の一人が、そこに泊まった。このときは、一晩中巨熊がタワーによじ登ろうとしたり、柱に体をこすりつけたりして眠れなかったそうである。

このとき、例の熊と思われるのが、キャンプから誰かのクツをくわえ去ったという。

八月六日夜、星野氏のテント近くを巨熊が動き回った。その都度ガイド兄弟はスプレーを使って熊を追いやらねばならなかった。

ガイドは、星野氏にキャビンで寝るよう強くすすめたが、夏でもあったし、彼は屋内で寝ることになれていなかったという。

八月七日、写真家は巨熊が、タワー近くの川で、群れをなして遡るサケを獲ろうとしたり食っているのをタワーの上から見ている。

八月八日午前四時少し前、取材班の杉山氏が、「テント！　ベアー！　テント！」と叫ぶ声に、ガイドが目を覚ました。そのときの様子を、彼は次のように語っている。

「二秒ほどで私と弟、それに取材班全員がキャビンの外に出ると、道夫の叫び声とクマの唸り声が聞こえた。外は真っ暗で、懐中電灯でテントのあたりを照らすと、テントは壊されていた。それから一〇メートルほど先の草むらのなかにクマの背中が見えた。すぐにわれわれは大声をあげたが、クマは頭を上げもしなかった。私はシャベルと金属の腕木を見つけて、クマから三〜五メートルくらいのところでガンガン叩いた。クマは一度ちょっとだけ頭を上げたが、それから道夫の身体をくわえたまま暗闇のなかに姿を消した」

熊は動かなくなった星野氏の体を引きずって四百〜五百メートル先の林の中に入っていった。途中、ある場所で、熊は身体の一部を食べ始めた。

自然保護区の規則で、キャンプに銃はなかった。ガイド兄弟は、ほかの日本人の安全を守ることはできたが、銃もなく、星野氏はすでに死んでいることを考え、熊を追跡しなかった。

ほどなく、ガイド兄弟は無線で助けを呼ぶことができた。昼頃、特殊部隊の隊員一人、プロハンター一人、ほか数人を乗せたヘリが到着した。やがて兄のガイドを乗せたヘリは、追跡を開始、熊の頭上七～十メートルでホバリングしながら銃撃、クマは倒れたが再び逃げた、更に追跡して銃撃、また倒れたので、ヘリは着陸した。更に止めを撃った。

以上は、事故発生から熊の射殺までを、本文の趣旨にそって要約しました。イタル・タス通信によれば、カムチャツカ半島には、成獣だけで一万六千頭の熊が生息するといいます。

この事故を顧みるとき、私には、身命を賭した特派員の戦禍の真っ只中での取材とだぶって映り、なんとも胸の痛む思いがするのです。

最後に、感ずるままに、私見を述べたいと思います。

なによりも、気にかかったのは、彼は野性を喪失し、堕落しきった異常な熊に対しても、正常な野生熊と同様に扱ってしまった、と思われる点です。その安心感と、人一倍の仕事熱心さが、危険にさらされたテントに固執させてしまったのではないでしょうか。大きな落とし穴は、その安心感という大きな油断にあったと思います。また、この事件から推す限り、熊除けスプレーの熊抑制効果にも期待はずれのあることがわかりました。

熊は、やさしく対応してきた彼の心を踏みにじり、掛け替えない写真家を牙にかけました。悪業の報いは、その日の午後に下りました。

不世出の動物写真家、星野道夫氏の御冥福を衷心より祈念いたしますと共に、カムチャツカの熊被災はこれが最後になることを願うものです。　合掌

## 最初にして最後、林務官の殉職

山を歩く機会が最も多く、ヒグマと遭う危険度の高い職業として、常に国公有林野の第一線に立つ林務官がいます。旧憲法下時代の判任文官であり、辺ぴな地方では村長、校長先生、駐在所の警察官、医師、住職などと並びその地の名士として人々の尊敬を受け、時には村民の先頭に立って事に当たってきました。そんな中の一人であった北海道庁森林主事富崎富太郎氏（元旭川二十八連隊後備役陸軍歩兵少尉、当時三十歳）が、公務出張中ヒグマに襲われ殉職しました。当時釧路営林区署の真龍保護区員駐在所は真龍に新設されたばかりでした。着任早々の

新婚主事は、村民もうらやむほどの夫婦仲の良さだったといいます。

この事件は、子供の頃林務官の父からも聞かされていたし、昭和十六年、北海道庁林務講習生時代にも、ヒグマに対する教訓の一例として教えられたことがあります。

私は若い頃六年間、森林主事の職にあり、先輩富崎氏と同様の勤務を体験してきただけに、他人事とは思えない無念さと、事件に対する限りない憤りを覚えるのです（以下文中一部敬称略）。


大正十四年（一九二五）九月十日早朝、釧路市の大阪彌七郎氏に、釧路営林区署が売り払った国有林立木の伐採跡地検査のため、富崎主事は真龍の保護区員駐在所を出発した。地元から宗石幸吉、後藤与吉両氏が同行、糸魚沢《いといざわ》に至り、そこから菊地牧場の馬場義方氏を案内役として問題の糸魚沢国有林に入った。現在の厚岸郡のJR糸魚沢駅から約十キロの地点の別寒辺牛川《べかんべうしがわ》上流一帯で現地検査を行い、終了したのは午後の一時を大きく回った頃という。この付近一帯は、特にヒグマの出没がはげしく油断できないことを一行はよく知っていたので、早々に現場を離れ、安全と思われる尾根筋の見通しの良い場所で一服する予定であった。

こうして眺望台と呼ばれる小高い丘にたどりついたのは午後二時に近い頃という。このとき、別寒辺牛川上流ビチエロの草むらから突然ヒグマが現れた。驚いた四人は、ヒグマを追いはらおうと大声でどなったが、ヒグマは一向に驚く様子もなく頭部を低くたれたまま、ヨタヨタと足もと危なげに迫ってきた。一行はこのとき普通のヒグマではないと直感している。ヒグマの習性を心得た案内役の馬場氏に従って、一行は別の方向から逃れようとした。ところがヒグマは先回りして四人の前方で待ち伏せしていたのである。ヒグマは突然、草むらから一行の真正面に立ちはだかったという。

　逃げ場を失った一行の宗石がとっさにそばのニレの大木によじ登り、足が不自由な後藤と馬場の二人は草むらに上半身をかくし、腹ばいになったまま死んだふりをした。

　この辺り一帯はかつて山火事があり、立木はほとんどなく、見わたす限り草原で見通しは極めて良かった。ヒグマは樹上の宗石を攻撃したが目的を果たせず、腹ばいになっている後藤と馬場を飛び越えて、逃げ出した富崎主事に襲いかかった。これは樹上の宗石の目撃によるもので、倒れ伏していた二人がわれにかえってあたりを見回したときには、主事の姿はなくヒグマも立ち去った後であった。

三人が逃げ帰る途中、宗石が登ったニレの大木から五、六十メートルほど離れた地点に主事の帽子、鮮血に染まった外套、シャツなどのきれはしが散乱しているのを見つけた。付近一帯の草はなぎ倒され血痕はササやぶに続いていた。ヒグマはこのあたりまで主事を引きずり、食害したものであった。驚いたことに、この時一行の目前の小高い丘でヒグマが悠然と三人をにらみすえていた。彼らは、とっさにササやぶに火を放ち急場を脱したが、ヒグマは微動だにせず、にらみすえたままの姿だったという。

三人はかろうじて糸魚沢の民家にたどりつき救いを求めた。急報を受けた真龍の町から加藤巡査、染田医師、五十嵐国鉄保線区員ら数人が銃をもって現場に急行したが、日没となったため空しく引きあげねばならなかった。

## 無残な遺体

明けて九月十一日早朝大捜索隊が招集され、現場に向かうことになった。

第一班は茶内、糸魚沢青年団二十三人。第二班は真龍町会、青年団、消防組第三第四部ら合わせて三十八人。金沢真龍青年団長がこれを引率、途中厚岸町会より金井、五味の両氏が加勢した。第三班には茶内奥地の農民隊が当たり、総勢六十数人、総指揮官には菊地若松氏が推された。

午前十時頃、ヒグマを発見。五十嵐国鉄保線区員が発砲したが撃ちそこなった。一行がこの付近を探したところ、土に埋められ雑草で覆い隠された主事の遺体を発見し、ただちに収容した。

主事は全身に爪による深手を負い着衣はなく素っ裸、腕はへし折られ大腿部は食いつくされて目もあてられない姿になっていた。主事の無残な姿に人々の怒りは頂点に達し、草の根を分けてもかたき討ちしようと、決意を新たにしたという。

遺体はこの日午後五時の列車で真龍に無言の帰宅をした。

悲しみの葬儀は、九月十二日釧路営林区署長堰八愛勲《せきはちよしひろ》をはじめ、近村部落から多数が参列して盛大に行われた。

「気の毒だとか悲惨だとかいうことを通り越して全く言うべき言葉がありません……。完膚なしということを聞いていましたが、初めて今度という今度それを体験しました。昨日まで同じ人間の仲間であったものが、あれ程無残なものになるかと思うと頭がボーッとして来ます」

堰八釧路営林区署長は顔をひきつらせながらこのように語ったという。

日頃、富崎主事は「山で働くのだからいつ熊に食われるかも知れない」と言っていたという。それにつけてもわからないのは人の運命である。遭難の日の朝、主事が一丁のなたを持ったところ、同行の宗石氏が、「私が持ちましょう」と手をのべた。すると主事は、「おまえが持っていたのではいざ熊が出たら犬死にだよ、ハッハッハッ」と笑っていたそうである。ムシの知らせだったのであろうか。

当時の『北海タイムス』はこの事件を次のように報道している。

「厚岸糸魚沢官林で　森林主事熊に喰る　検査の帰途熊に会ひ不幸にも逃場を失ふ」（大正十四年九月十二日付）

「熊に喰はれた森林主事の死体　土を掘つて埋めてある」（十三日付）

「熊の仕返し　茶内被害多し」（二十六日付）

一方地元の『釧路新聞』は、数日間にわたりこの事件報道を行っているが、特にそのうちの四日間は特集として次のように大々的見出しをかかげて事件を詳報している。

「人喰熊」（一）富崎主事を殺した　惨劇の刹那　樹へ攀ヂタ宗石は体が糊付けになつた（大正十四年九月十八日付）

「人喰熊」（二）雑草の上に　鮮血点々　三人が三人とも生きて居るのが奇蹟に

思はれた　富崎が見えない（十九日付）
「人喰熊」（三）死体捜索の　決死隊　鉄砲組を第一陣に　曰く鉈隊曰く鉞隊
猛獣に第一弾（二十日付）
「人喰熊」（四）本能的に　敏感な熊　四人の中一人は必然犠牲の運命にあつた
この冬季が観物（二十一日付）

以上からも、この事件がいかに残忍なものだったかがうかがわれる。

この頃、日増しに熊の出没がはげしくなり、糸魚沢から茶内一帯の農民たちは、戦々恐々として仕事も手につかぬ状態であった。部落では、前年アイヌが仔熊二頭を生けどりにした仕返しだろうと、もっぱらうわさするようになっていた。

## 二人めの犠牲者

ヒグマは、十一日発砲を受けて以来現場には全く姿をみせなくなり、追跡もやがて中止となった。ところが事故発生十四日後の九月二十四日、遭難現場から六十キロも離れた太田村チャンベツに突然このヒグマが現れたのである。冬山造材準備のため、道路の伐開に出向いていた三井物産造材部の干場甚作、小納谷久吉、野呂田長治、西太郎の四氏が現場からの帰路、通称安田の丘に差しかかったとき、前方七十メートルほどの場所にこのヒグマが現れた。

若者の西は素早く逃げたが、残る三人がとまどっていると、ヒグマは大きく立ち上がり彼らに迫った。干場と野呂田の二人はとっさに別々の木によじ登り、小納谷はその場に死んだふりをした。

ヒグマは樹上の二人に交互に襲いかかったが、野呂田は大声を上げながらなたで必死に抵抗した。

この時黙っていればよいものを、小納谷が樹上の二人に「あまり騒ぐとかえって悪いぞ」と声を出した。この声を聞いたヒグマは樹上の攻撃を止め、おもむろに彼に近寄り一回りしてからやにわに左側頭部を咬み、さらに前額部から肩のあたりに咬みつき、なおも襲いかかろうとした。小納谷は「やられてなるものか」と開き直り、なたでヒグマの顔面を数回滅多打ちにした。

突然の反撃にヒグマは顔面から血をふき、もんどりうった。小納谷はなおも大声を張り上げ、なたを振り回して威嚇し、後ずさりしながら左手で探りあてたナラの木に素早く飛び上がって危機を脱した。

程なく立ち直ったヒグマはますます猛り狂い、小納谷と干場の木を交互に襲い続けたが、樹上からの必死の抵抗にあい、薄暗くなった頃とうとう諦めて立ち去った。

恐ろしさのあまり三人は樹上で夜を徹し、未明を待った。翌朝四時半過ぎ、疲れ果てた干場がまず木から降りて火をたき、これに二人が続くと三人が一団となり命からがら山を下り、民家に飛び込み救いを求めた。

## 人食い熊の最期

こうしたことから一度は中断していた熊狩りが、翌二十五日から再び開始された。メンバーには、まれなる熊狩り名人として知られた山川市太郎氏がみんなから推されて先頭に立ち、菊地若松、金井元太郎、浅野真龍郵便局長、金沢真龍青年団長らそうそうたる顔ぶれがそろい、捜索は徹底的に行われることになった。初回の事件発生半月後のことである。

事件から約一カ月後の十月十四日阿寒湖畔在住のアイヌ人の土佐藤太郎氏が、富崎主事遭難現場からやや奥地の別寒辺牛川上流ビチエロで、草むらにごろ寝しているヒグマを発見、初弾を放った。いきり立ったヒグマが猛然と反撃に出ようとするところに、すかさず二弾を撃ち込み腹部を貫通した。

こうして富崎主事を惨殺し、小納谷に重傷を負わせたヒグマは、出没三十五日目にして三発の銃弾によって最期をとげたのであった。この大物は体長二メートル、体重三百キロもある見事な金毛の雄で、左耳あたりに小納谷にあびせられた生々しい傷あとが残っていた。

このヒグマを撃ち止めた者には、賞金として当時としては異例とも思われる百円もの大金が与えられることになっていた。ヒグマの認定は、小納谷が襲われたときにあたえた〝顔面のなたきずを判定して〟というものであった。このほか、真龍を中心として厚岸町や太田村の管内で、二歳以上と見られるヒグマを撃ち止めた者には五十円の懸賞金が出された。

## 林務官の復讐

前出のように、林務官の死者が一人という奇跡に近い人数にとどまっているのは、職業柄熊の生態や習性をよく心得、予防に万全を期していた結果にほかなりません。

例えば負傷しながらも死力をつくして反撃、熊を追いやったものの、この熊害に憤懣やるかたなく、翌日の熊狩りに出動、見事に仇を討った、帝室林野局札幌出張所の簾舞《みすまい》分担区主任・安達正毅技手の武勇伝は、真の勇者と賞賛され、御料林職員の間に末長く語りつがれました。

昭和三年（一九二八）の十二月十二日午前八時頃、村民に払い下げる薪材調査のため、安達技手が滝沢（現・豊滝）の農家より三百六十メートルほどはなれた雪路を歩いていると、近くのササやぶからまったく音もなく巨熊が現れた。あまりにも突然のことで、放った二連銃の弾はそれ、ヒグマは猛然と襲いかかった。技手は歯をむいてうなるヒグマの口に銃口を突っ込もうとあせったが、たちまち銃はふっ飛ばされ、ヒグマに組み伏せられてしまった。技手はそれにもひるむことなく、銃がなければこれだとばかり、腰の手まさかりを探りあて、まさに咬みかかろうとする大熊の鼻竅《びきよう》目がけて渾身の一撃を加えた。そこはヒグマの泣きどころ。さすがのヒグマもこの一撃に大きくのけぞり、悲鳴をあげて、ササやぶに逃げ込んだ。

技手のけがは、思いのほか軽く、左眼窩部、左顎部、左手首に爪傷を負っただけであった。事故の知らせに、近隣の猟師、消防団員、在郷軍人ら多数が現地周辺を捜索したが、山間の十二月は午後の三時ともなれば日が山の端に傾いてしまい、行動もままならぬまま、その日の追跡は中止になった。

ところが、驚いたことに、軽傷とはいえ興奮さめやらぬ技手は、地元簾舞の西医師や村民らの猛反対を押しきり、翌朝の討伐隊に参加し、前日の現場に向かった。ヒグマは案にたがわず、格闘現場にのっそり姿を現した。なんたる執拗さであろうか。しかし、包囲網にまんまとかかったヒグマは、たちまち討伐隊員の猛射をあび、あえない最期を遂げた。午後の一時半頃というからわずか三十時間後の快挙であった。

前日技手が放った必死の一撃は、鼻竅の左斜め上に深く打ち込まれていたといいます。私の知人で若い頃簾舞に住んでいた松本寿憲氏は、技手によるヒグマのマサカリ傷は、人差し指が入り込むほど深く、意外に冷たい感じだったのが印象的だったと語っていました。

このヒグマは、あきらかな穴持たずで、技手を襲う直前まで、滝の沢の農家丸山年永氏宅の納屋に侵入、大量のニシン粕を食い荒らし、下痢便を流し、やせてがらだったそうです。

安達技手の治療をした西医師のご子息で、現在札幌で医師として活躍されている博さんに、当時の様子を伺ったところ、父の治療の様子を側で見ていて、あれほどの事件だったのに傷は意外に軽く、しかも偉丈夫だったのが強く印象に残っており、あまつさえ、恐怖にもめげず、再び現場に向かったのには、驚いたと述懐していました。

獲物の付近に、再び現れるというヒグマの習性と、飽くことなきヒグマの貪食ぶりを、まざまざ見せつけた事件でした。

## 簾舞大松寺《だいしょうじ》のヒグマ事件

春先とはいえ、山野にはまだ一メートルほど残雪があった頃のことです。大松寺の境内にヒグマが現れ、親子でマキ割り最中の父親に瀕死の重傷を負わせ、ヒグマも境内の物置の中で、射殺されるという惨事が起こりました。

大松寺は、山号簾舞山《れんぶざん》と称する浄土宗の寺院で、所在地は札幌市南区簾舞一条一丁目にあります。

事件は三日後、北海タイムス、小樽新聞、ラジオなどで報じられ、郷土史誌にも数多く取り上げられていますが、それぞれ内容がまちまちなので、かねがねこの真相を質したいと考えていたヒグマ事件の一つでした。郷土の記録は正しく伝承されなければならないという考えからですが、なにぶんにも六十年以上も前のことであり、詳細を知る人はほとんどいなくなってしまいました。しかし幸いなことに、被災者の三男で、元国立療養所札幌南病院のケースワーカーだった加藤秀雄氏に、お尋ねする機会を得、十歳当時の悲しい出来ごとをつぶさにお聞きし、真相に迫ることができました。

更に、札幌市有形文化財旧簾舞通行屋の管理者である、黒岩裕氏の御協力を得ることもできました。同氏は、簾舞の開祖黒岩清五郎氏の曾孫に当たり、大松寺建立発起人で同寺総代をつとめられた黒岩卯太郎氏のお孫さんです。氏は、幼少の頃より生地簾舞の事情に通じ、ことに同寺の熊事件については、御両親をはじめ、当時を知る現簾舞地区連合町内会長・西本実夫氏などからも詳細な聞き込みをして、顚末を教えてくれました。黒岩家には、明治以来の写真が数多く保存されており、この中には御料林林務官安達正毅技手の熊事件をはじめ、大松寺の熊などの貴重な写真が何枚も含まれており、当時をよみがえらせてくれました。

以上のほか、最初の熊の発見者松本くらのさんの子息で、私と七カ月間職場を共にしたことのある松本寿憲氏や、この熊事件に関心深かった元北海道営林局の林務官渡辺惇氏からの聞き込み、事件を報道した『北海タイムス』（昭和九年四月十八日付朝刊）、『小樽新聞』（同日付夕刊）、被害者加藤吉之助氏の談話（『沿革史みすまい』昭和四十三年十月二十日刊）などに準拠し、当地方の地況、穴立ち間もない熊の習性や行動などを多角的に究明し、真相に迫ることができました。

## 春熊市街地に現る

事件は、昭和九年（一九三四）四月十六日白昼に起こった。簾舞三区に住む、同村の農協専務理事松本久一郎氏の妻くらのさんが、娘英子《ひでこ》さんをつれて外出中、定山渓鉄道簾舞駅の踏切にヒグマがいるのを発見した。やがて電車は止まり、乗客はパニック状態になった。ヒグマは砥山の方から出てきて豊平川を渡り、同じ三区に住む南里城太郎氏の水田を横切り、再び豊平川を渡って白川の方に向かった。

この日、簾舞農協の第十八回通常総会が、簾舞小学校で開かれ、百六十二人の組合員が参加していた。そこに熊出没の知らせが入ったため、何人かが出動準備のため会場を出た。このときはまだ事故もなく、総会は続行されていた。

一方、大松寺でマキ割りをしていた加藤吉之助氏は、「熊だっ‼」という叫びに目をやると、ヒグマが白川の崖を下って豊平川を渡り、野々沢（現藤野）の方に行くのを見た。しかし、かなり遠方なのでさして気にもせずマキ割りを続けていたそうである。

野々沢に出没したヒグマは、自宅の前庭で仕事をしていた原田クニエさんの前に現れた。彼女はとっさに逃げ出したが、たちまちヒグマに追いつかれ、うつ伏せにされたまま気を失ってしまった。しかし、これが幸いしてかすり傷程度の爪跡だけで、奇跡的に助かった。

この騒ぎに、ヒグマは方々で物を投げつけられ、気を荒だてながら、簾舞の方に向かって逃げ去った。逃げる途中で出会った加藤吉之助さんに重傷を負わせたが、急報を聞いて駆けつけた部落民たちによって射殺された。

事件二日後の『小樽新聞』には次のように掲載されている（ルビ削除・原文どおり）。

「熊も春に浮かれて

簾舞市街地へノソノソ……
二名を負傷させて物騒な散歩
物置で遂に往生

十六日午後五時頃札幌郡豊平町大字平岸村字簾舞市街地を去る二丁の山林から巨熊がノソリノソリと市街地に現れ同村加藤七之助（四六）が自宅前で薪切り中突然背後から飛びかゝり重傷を負はせた急報により部落民総出動で追跡したところ餌に飢て気が荒くなつてゐる彼はこの追跡を尻眼に悠々簾舞から東方約一里半の野々沢へ逃れ同村の路上で出あった戸松クニエ（二三）にも負傷させるなど散々あばれ廻つてまた簾舞市街地に引返し人家の物置に押入つたところを同六時十分追跡の部落民に銃殺されたこの荒熊は身長八尺位年令四歳の大熊である」

左腕を失った被害者

更に被害者加藤吉之助氏の述懐を、もうひとつの資料『郷土史みすまい』から抜粋します。

「昭和九年の、春のことでした。雪がまだ何尺も残っていました。ちょうどその日は農協の総会の日でした。

私が薪切りをしていると、熊が出たという叫び声がしました。見ると一頭の熊が白川の崖を下って豊平川を渡り、下藤野の方に行くのが見えました。あとで聞くと、この熊は四歳の雄熊で、定山渓に現れ、一の沢から黄金湯、砥山と渡って、途中で鉄砲に打たれた手負い熊でした。砥山から川を渡って、簾舞駅の近くに現れ、南里さんの水田をすぎて、村端さんの崖から再び川を渡り、白川にかくれたものです。私は熊の姿を見たけれども、遠くの事なので別に気にもとめず、薪割りを続けていましたが、『ウオー』という物凄い声がしたので驚いてふり向くと、さっきの熊がすぐ後ろに現れました。なんでも下藤野で誰かに石を投げつけられて怒って坂を上って来たらしいのです。

私はびっくりしたが、あまり間近なので、どうすることもできず、側で手伝っていた十六歳の子供を逃がしてやり、自分はそばにあった刃広（笹を刈る道具）をとりあげて熊に向かいました。熊は首の毛を逆立てて立ち上がりました。

今思えば、熊は手負い熊だし、方々逃げまわって疲れている熊だから、私が手を出さずににらみ合っていれば、そのうち疲れて逃げ出すのだったかも知れないのだが、私も血気盛んな年齢だったし、気の強い方だから、こんなものにまけてたまるかと『この野郎』とばかり打ち込んでいきました。ところが雪が深くて間合いがとれず、刃広は熊の頭まで届かず、首のあたりをかすめましたが、厚い毛に覆われているので、熊は何の事もなく、怒りに怒って、全身の毛を逆立てて、飛びかかって来ました。急いで逃げようとしましたが間に合わず、気がついた時には熊の下になったまま、ずるずると坂を滑っていました。無我夢中で熊と争っているうちに、左腕が『がりがり』とクマに食われてしまいました。それでもかまわず争っていると、『ガヤガヤ』という大勢の人々の声が聞こえて来ました。たぶん、農協の総会が終わって大人達が帰って来たのでしょう。クマはそれを聞くと、私をふり捨てて、大松寺の方に逃げ去りました。

人々は倒れている私を発見して驚いたそうです。何しろ全身血まみれで、尻の肉は食いちぎられているし、顔も血だらけです。すぐにムシロにのせて西病院にかつぎこまれました。西病院で一応の手当を受け、馬橇を仕立てて、札幌の保全病院に入院しました。運良く傷の回復は順調で、四十日あまりで退院しましたが、左手が切断されたので、荒仕事も出来ず、郵便局に入って配達を勧めるようになりました。大松寺に逃げ込んだ熊は、押し入れにかくれていたのを、大勢で包囲して、遂に撃ち殺して、私のかたきをとってくれました。

あの時の事は、今思い出しても『ゾッ』としますが、あの当時は、道を歩いていても、山に入っても、よく熊の姿を見かけて、さして珍しいものではありませんでしたが、たいてい、せきばらいをすると向こうからかくれて滅多に人にかかって来ることはなかったのです。しかし、手負いの熊というのは、おそろしいものですね、加藤さんはこう言って、静かに言葉を切りました」（原文のまま）

## 真相を探る

これらのことを勘案し、ヒグマの一連の足取りを類推してみましょう。

山野には相当量の積雪があったというから、穴立ちしなければならない誘因があったものと考えられます。おそらく、穴立ちは午前の十時頃でしょう。雪深い定山渓の山奥から、より積雪の少ない下手の、一の沢～黄金湯～砥山～簾舞駅路線～青地氏の土地～南里氏の水田～村端氏の土地～白川～野々沢へと下ってきたのだと思います。ここで、たまたま庭仕事をしていた前出の原田クニエさんを襲ったが、彼女が失神（一説に死んだふり）したので様子をさぐるため、肩と腰の

ヒグマの足取り

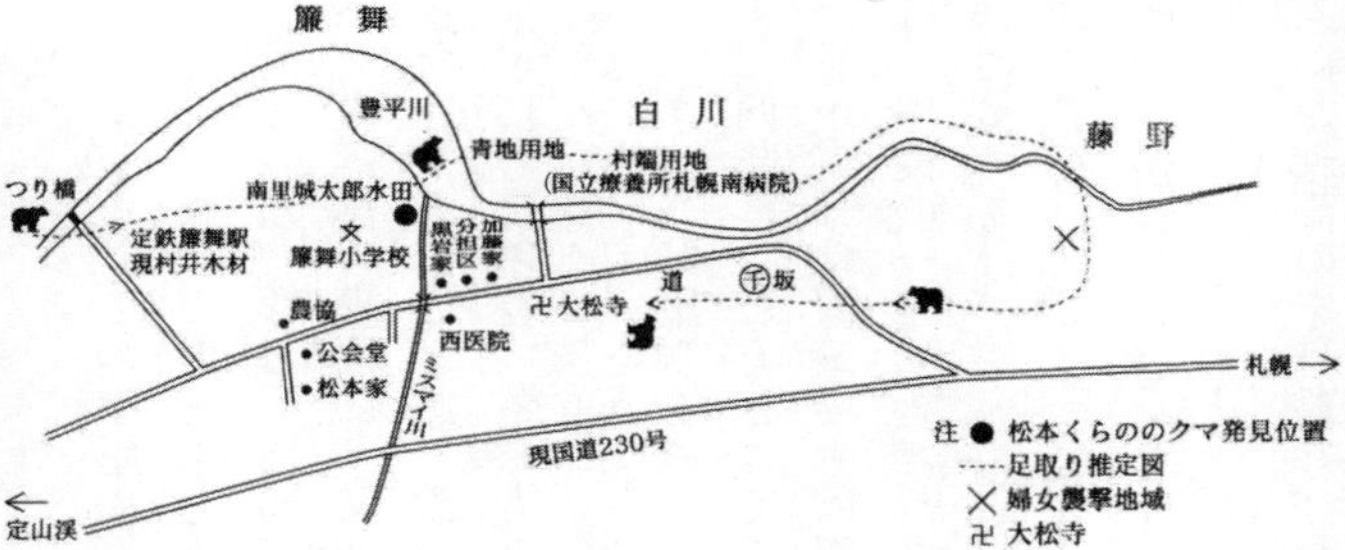


あたりに手をかけたのでしょう。このことは後になって、肩と腰に爪傷があることから推察できます。加藤氏が、取材の時に、「下藤野で誰かに投石されクマが怒った」と述べているのは、彼女が襲われた直後、村民が騒ぎたてたことをいっているものと思います。

『北海タイムス』と『小樽新聞』が、戸松と報じた女性の名字について、加藤吉之助氏の三男の秀雄氏は、原田さんと記憶しており、戸松は嫁入りしてからの姓なのかも知れないと言っています。古い記録には〝十八歳、農家の娘さん〟と出ているこの件についていろいろ調べてみましたが、同一人であることに間違いないものと思われます。

次に、ヒグマの射殺場所ですが、押し入れの中、あるいは風呂場、物置小屋と記録によってまちまちですが、調べた結果物置小屋の中であることがわかりました。この小屋の写真が、黒岩家に残されていたのです。

　また、これまで熊を撃ち獲ったのは、ハンター、部落民、あるいは猟師、大勢で打ち殺した、などとあって特定されていませんでしたが、これも黒岩家に残るヒグマの写真の裏面に、父卯三郎氏の記載があることから、撃ち獲ったのは、柏木長命氏であることが、改めて確認できました。

　半年にも及ぶ長い冬ごもりと絶食の末、穴立ち後程なく手負いにされて、雪深い原野を放浪し、三回にも亘る豊平川の川越えで、手負い熊は極限状態だったと思います。当時簾舞ダム（現藻岩ダム）はなかったので、水量は少なかったとはいえ、四肢はこごえきっていたことでしょう。

　巨熊が、野々沢（場所は不詳）付近に現れたのは、負傷を念頭に入れて推測すれば、午後の一時過ぎだったと思われます。その一帯からは、二〜三十分あれば簾舞につけるはずだからです。そこでマキ割り最中の二人を見つけたヒグマは、飢餓によるいらだちと手負いの敵愾心から、残虐性を爆発させ、反撃する加藤氏に襲いかかったのでしょう。ヒグマに驚いた加藤氏は、次男の敏雄君を「逃げろ!!」とせきたてたが、敏雄君は恐怖のあまり立ちすくんでしまい、父が腕を咬み砕かれるのを目撃し、われに返って近くに救いを求めたが、声も出せないほどだったといいます。

このとき加藤氏は、とっさに顔面をかばったそうですが、左右両股の裏側の肉をえぐられました。

知らせを聞いた村人が半鐘を乱打し、人々が駆けつけた時間帯については、半鐘が鳴った時はまだ授業中だったとの証言があり、午後の二時頃と推測できます。村民の到来にヒグマは加藤氏を手離し、寺の物置小屋に逃げ込みました。駆除隊員は屋根を打ち破り、天井穴から狙撃しました。さすがの巨熊も二連銃には抗する術もなく絶命しました。

このヒグマを撃ち獲ったのは、御料林の林務官で、簾舞分担区主任の柏木長命技手でした。戦前、林務官の多くは猟銃を携行し、森林の巡視に当たったものです。

クマは、簾舞小学校の校庭で村民にさらされました。人々は加藤さんの仇とばかり、マサカリやナタで打ちつけ、踏みつけるなどしました。このヒグマは、報道では四歳となっていますが、写真で見る限り少なくても、六、七歳の雄の大物で、体毛に隠されて一見太って見えますがやせ熊だったそうです。

加藤氏は、不幸中の幸いといえます。もしも、この日農協の総会が開かれていなかったとしたら、彼の命はなかったかも……。穴立ち間もない熊は、立ち上がるのがやっとで、押し倒すか、咬むか、爪で引き裂く以外に攻撃方法はありません。とはいえ、どんな若者でも、片腕が利かなくなっては、抵抗不可能であり、失血死は免れなかったはずです。そこに総会会場から全員がかけつけたため、ヒグマはあわてて近くの物置小屋に飛び込んだのです。更に運がよかったのは、日中はほとんど外業で不在がちな柏木長命技手が、たまたま事務処理のため、官舎にいたことでした。

次に、事件の日取りですが、春としただけのものがほとんどであり、平成十一年三月に、発行された『ふるさと読本 藤野いま・むかし』でも、昭和十年三月末頃となっています。しかし、簾舞農協の総会日が四月十六日と、『農協沿革抄誌創立二〇年誌』に明記されており、事件は同じ日に起こったことから、四月十六日と確認できました。

次に、加藤氏が「私が家でマキ割りをしていると」という件ですが、加藤氏の自宅は、現在の簾舞森林事務所の向かって右隣にあったので、そこから熊を見るのは地理的に不可能であり、家とは高台の大松寺を指していると思われます。

加藤氏が述べている、〝熊は滅多に人にかかってくることはなかった。咳払いによっても逃げてくれるもの。熊は珍しくなく、道を歩いていても、山に入ってもよく見かけた。しかし、手負いの熊というのは恐ろしいもの〟との証言が、よくヒグマの生態を言い当てていて、印象に強く残ります。

補足しますが、ヒグマが穴を出たのは、毎春恒例的に行われる、村民の自家用薪材を伐採する音に驚き跳び出したもので、採餌のためとは考えられません。穴立ちの後数日間、生理的に食欲はなく、餌も限られ量も微量だからです。たまたま、手負いにされ荒だちのあまり野々沢で婦女を襲ったものの、相手がまったく無抵抗だったため、なんの加害もしなかったものと思われます。

加藤氏も述べていますが、立ち向かわなかったら、ヒグマは襲ってこなかったかも知れない、というのはそのとおりだったと思います。

ヒグマが眼前で立ち上がったのは、威嚇して加藤氏を排除しようとしたためでしょう。ところが、加藤氏は若気のいたりから、立ち向かってしまいました。不運にも足もとが悪く、一撃は、空振りに終わり、ヒグマを更に激昂させてしまいました。

とはいえ、なんの罪《とが》もない加藤氏は被害者であり、同情に堪えないのですが、ヒグマもまた、手負いにされるなど、一方的被害者といってよいのです。

神聖な境内での惨劇、しかもその場でヒグマが撃たれて死ぬという前代未聞の大アクシデントでした。以来誰言うことなく、「大松寺」は「熊寺」と呼ばれるようになり、遠き日の悲劇を伝えています。

この熊は、死後簾舞小学校のグラウンドで、村民にさらされてから、川ぶちに運ばれ解体されました。熊の胆は、勇敢な加藤氏に贈られ、肉は地元住民に分配されましたが、やせ熊のわりに味はよかったといいます。肝心の熊皮は、加藤氏の救い主の目良亮三医師の所有となりましたが、仕置きでかなり傷んでいたそうです。

加藤氏は、受傷後ムシロで運ばれ、近くの西二三《ふたみ》医院で応急処置を受け、直ちに馬橇で定鉄簾舞駅に至り、札幌に送られ、外科専門の保全病院に入院し、左手切断の手術を受けました。術者は名医として知られた目良亮三先生と、新田義治先生でした。重い合併症も克服し、経過は思いのほかに良く、四十日あまりで無事退院することができました。瀕死の状態で収容された加藤氏は、両先生の献身によって一命を取り止めたのです。

私ごとになりますが、私はその四年前の六月、手遅れの虫垂炎から腹膜炎を併発、同院に入院、両先生の執刀によって救われました。平成四年、保全病院は閉鎖されたのが、残念でなりません。

加藤吉之助氏は、大正八年宮城県から簾舞に入り、御料林の山仕事や消防組員として活躍されたのですが、左手を失ってからは仕事ができなくなり、郵便局に就職し、配送に専従されました。退職後は第二のふるさと、簾舞で余生を送られました。不自由な身にもめげることなく、よく働かれ、八十二歳の天寿を全うされました。

同じ医師によって救われ、同じ南区に住み、この熊を獲った人も私と同じ林務官です。いま加藤氏の記事を書くのも、なにかの縁《えにし》と思えてなりません。

不思議な縁といえば、いかに林務官とはいえ、簾舞分担区員ほど熊に縁があるのも珍しいと思います。三代目の安達正毅主任は、前出のとおり、襲われた熊に翌日見事仇を討ったし、四代目の柏木長命主任は、加藤吉之助氏の仇を討ちました。下って十四代目の桑野庭一主任は、仇討ちこそしませんでしたが、つきまとわれた熊に弁当箱を与えて危地を脱しているのです。

## 福岡大学ワンゲル部員日高山系遭難事件

わが国山岳史上最大の熊事件、カムイエクウチカウシ山（千九百七十九メートル）の惨劇から、平成十二年の七月で満三十年を迎えました。

昭和四十五年（一九七〇）七月、夏期合宿訓練で日高山系縦走中の福岡大ワンゲル部員五人のパーティー中三人が、カムイエクウチカウシ山のカールでビバーク中に犠牲になったこの事件は、かつてないセンセーションを巻き起こしました。山を愛する学生たちのスポーツの前に〝不知〟が招いた大アクシデントでした。しかし、この学生たちが残した教訓は果たして活かされてきたのでしょうか。

今ここに、事件翌年の昭和四十六年から平成十一年まで二十九年間の人害を見れば、死者十四人、負傷者は三十九人にのぼります。このほか、危機を脱している人は、林業従事者、測量者、工事人、釣り人、山菜取りの人、その他かなりの人数にのぼるものと思われます。これまでもいろいろ述べてきましたが、〝相手を知り、ルールを守る〟ことで危機を回避することは夢ではないだけに、残念でなりません。今日なお、安易な気持ちから不勉強、無防備のまま、入山する者のなんと多いことでしょう。愚かしいことと思わずにはいられません。

私があえて、カムイエクウチカウシ山の事件を取り上げたのは、事件の再現でも批判でもありません。登山者や、遊山者に、起こりがちな、安易軽率な行動が、時として重大な結果を招くことをこの事件から汲み取っていただきたく、学習と警告を兼ね、訴えたかったからなのです。このため、すでに各事項で述べてきた内容と重複する部分もありますが、その点復習の気持ちで読んでいただきたいと思うのです。

## 執拗なヒグマの襲撃

学生とヒグマの最初の接触は、七月二十五日午後四時半頃のこと。日高山脈縦走中の五名は札内川九の沢カールに着き、展望の良いところにテントを設営し、早めの夕食を済ませた。このとき学生の一人が、テントから六、七メートルのところにヒグマがいるのを見つけた。学生は興味本位にヒグマを観察していたが、ヒグマは次第に近づき、テントの外に置いていたキスリング（登山用大型リュック）を漁り、中の食糧を食べ始めた。学生たちはヒグマの様子をうかがいながら、隙を見てテントにキスリングを持ち込んだ。その後ヒグマを遠ざけるため、火を焚き、ラジオのボリュームを上げ、食器を鳴らすなどして対応した。

この夜九時頃、ヒグマは再び現れ、テントにこぶし大の穴を開け、立ち去っている。この晩は二人ずつ見張りにつき、二時間交代で睡眠をとった。

翌二十六日は午前三時に起床。荷造りが終わりかけた午前四時半頃、ヒグマが再び現れて、今度はテントに侵入しようと前肢をかけた。学生たちはテントが倒されないようにとポールを握りテントをつかんでいた。五分ほど引っ張り合いをしていたが、これ以上は無理だと悟り、ヒグマとは反対側の幕を上げ、一斉に脱出した。振り返るとヒグマはテントを倒し、キスリングを漁っていた。

学生のうち二人は救援を求めに沢を下りた。この二人は午前七時過ぎに北海学園大のパーティーに出会う。この時、同大のパーティーも同じヒグマに襲われたことを知る。二人は救援の連絡をこのパーティーに頼み、別れた三人と合流するために再び沢を登った。その途中で鳥取大のパーティーとも出会った。

沢に残った三人はその後様子を見てテントを、カムイエクウチカウシ山北の千八百八十メートルの瘤に移している。午後一時頃、再び合流して五人となる。そこに午後の四時半頃、四度目にヒグマが現れた。この時点でテントを放棄して縦走路を六十メートルほど下り、一時間半ほど様子をみるが、ヒグマは立ち去ろうとしない。あきらめて、八の沢カールにビバーク中の鳥取大のテントに合流しようと下山しだした。

ところが、六、七十メートル歩き出した六時半頃、最後尾から十メートルほどのところにヒグマがいるのを見つけ、一斉に駆け下りた。悲惨な事故はこの直後に起こり、二人が相前後して犠牲になった。ヒグマは実に五度目の出没であった。残った三人は午後八時頃、もっとも安全と思われる岩場に登り、一夜を明かした。

翌二十七日は大変な濃霧がかかり、視界は五メートルほど。午前八時頃三人が行方不明になった仲間を探すため、岩場を離れて十五分ほど経ったとき、二、三メートル下にまたもヒグマが現れた。このとき、ヒグマの唸りとともに一人が追われて逃げたが、彼も帰らぬ人となってしまった。残った二人は八の沢に出て下り、午後一時頃、五の沢砂防ダム工事現場に到着し救助された。ヒグマは、救助隊が遺体収容中の二十九日午後四時半頃、カールの下方から現れたところを、満を持す隊員によって射殺された。この出現は実に七度目であった。ヒグマは雌の亜成獣（三歳）で、さほど大きくはなかった。

## 事件は防げたか

もう一度、この事件を検証してみましょう。

福岡大のパーティーが設営した一帯は、展望が良く、縦走者にとって格好の場所ですが、ヒグマにとっても行動圏であり、憩いの場所なのです。

最初にキスリングが奪われた時点で、縦走をあきらめ、下山する英断があれば、残念でなりません。ヒグマはとても執着心が強く、このようにひとたび取得した物は、問答無用でヒグマの所有物であり、これを奪い返す行為は、危険極まりない無謀な挑戦です。

たき火で退散させようと試みていますが、〝火を見れば熊は逃げる〟という安心感を抱いている人は全国的にも多いと思います。しかし、森の領主熊の先祖は、山火事（自然発火）や野焼き、山焼きの体験者です。燃えているマキで立ち向かった人が殺されたり、煌々と燃え盛るマキを蹴散らして暴れまわった例さえあります。のぼりべつクマ牧場で、火煙に対する反応実験を行った結果では、驚く、警戒する、立ち退くなどの忌避行動は見られず、興味を持って火中に入る熊もいたと発表しています。

更には、音響ですが、熊がキスリングを奪い返そうとしている時には効果は期待できません。獲物があるうちは、熊は付近から離れず、早晩その場に現れる習性があります。このような場合、大きな音を出しても全く安心はできません。

二十五日から二十七日の間、学生は多様な形で六度にわたり、ヒグマと対決しており、その内の三度はテントに触れられています。ヒグマは学生につきまとい、三人を殺しました。学生たちは体力も根性もすぐれ、一人は俊足であったと、学友がワンゲル部機関誌追悼号に寄せています。しかし、ヒグマにとって山林は箱庭、俊足のシカでさえよく襲われます。人間ではとても太刀打ちできないことを事件は教えています。ことに背を向けることは、人間の降伏を意味するばかりか、背中には目がないので睨まれることもなく、ヒグマにとっては好都合なのです。更に、ヒグマは満腹になっても消化が早く、生理的にも、私欲的にも餓鬼さながらにむさぼり食う習性があります。この点、満腹したライオンなどが必要以上に殺戮をしないのとは天地の差があります。

熊は白昼も行動しますが、早朝、薄暮、濃霧などの悪天候時にもためらいなく行動します。この事件では、これらすべてをあらわにみせつけたことになります。

また、四、五月にかけて長かった穴居生活から解放された熊たちは、日増しに体力を回復し、山野を跋渉します。小さいから、若熊だから、といって決してあなどれないことを、体力の充実した夏熊は見せつけています。飼い犬でさえ死傷事故を起こすことがあるのですから、熊が大変強力なことは容易に理解していただけるでしょう。

学生諸君が残した、以上もろもろの教訓を無にしないことこそ三人の無念に応えることと信ずるものです。小著が活かされることを望むとともに犠牲者のご冥福をお祈りします。

襲撃は人間の人数の多寡にかかわらない

とかく、多人数でいると安心感を抱きやすいものですが、ヒグマはそんなことにかかわらず、出没した例は少なくありません。

一例ですが、『ヒグマ』十八号の誌上座談会「福岡大学遭難事件を語る」の席上、学生救出の第二次隊に参加した、十勝山岳連盟理事長の青山義信氏は、次のように語っております。

「この2年程前に、登山の大会があって七ツ沼カールに250人という大人数で登ったんです。その時もたまたまクマが出てきたんですが、こっちは250人もいるんだし、クマは襲わんということで、ヤリを作ったりしてふざけていたということもありました。近寄って写真をとった人間もいて追いかけられたが、クマは襲わないという先入観のためか恐怖心はなかった。この45年の事件以来はクマの情報があった山には近づかないようにしています」と。

七ツ沼カールは、日高幌尻岳にある三つのカールの中で、格好のキャンプサイトになっていて、夏季高山植物が咲き乱れている頃の景色は格別です。しかし、カール一帯はヒグマのサンクチュアリーであることを忘れてはなりません。

次の例は、私が旭川営林署在任中に、愛別苗畑事業所敷地内で起こったヒグマの侵入です。昭和五十四年十一月一日の白昼、十三人が作業中どこからともなく巨熊が現れ、驚く女性らの眼前を横切ったのです。

愛別地方は、昔から大物がいることで知られていますが、作業現場にまで踏み込むとは考えていなかっただけに大変な騒ぎになりました。全員の証言と私の撮った肢跡から推定すると、少なくても三百キロはあったと思います。ここで興味深かったのは、ヒグマの色相について、半数は黒褐色だったといい、半数は茶褐色だったとわかれたことです。見る位置や、熊の体位、陽光の受け方で、このような違いはできるものです。このことは、「第二章　ヒグマとの対峙」のときの目撃者六人についても、同じことがいえました。

さて、次は信じ難いような事件です。ヒグマが人数を恐れないことがわかります。江戸時代の地理学者、古川古松軒《こしょうけん》の紀行文『東遊雑記』をのぞいてみましょう。

〔この日は往来十里の行程、しかも遠き道ゆえに、戸切知へ御帰宿夜の四ツ（十時）ごろにて、人びと湯に入り食事などをする内に、九ツ（十二時）にもなりなんと思いしころ、村中大いに騒ぎ出し、山も崩るるばかりのときの声を上げ、上を下へと大勢まぜかえすことゆえ、御巡見使を初めとして何ごとならんと思う所へ、松前侯より付き添いし役人来たり、例の羆、馬をとりに来たりしゆえにかく騒動仕り候。これより鉄炮も数挺うたせしまま、御驚き下されまじくのよし案内ありて、それよりしては松明《たいまつ》星のごとくにとぼし立て、鉄炮隙なく打ちしことなり。ようよう八ツ（午前二時）ごろに静まりしゆえに、そのゆえを聞けば、羆二疋飛び来たりて馬を二疋取り帰りしことなり。御巡見使御通行に付いては、御馳走役として、松前侯の御家士を初め、料理人・給仕人・御案内の者・人足まで都合千四百人、馬も百疋余も集まりて賑にぎしき中へは、何ほど猛き悪虎たるとも来たるべき所に思わざりしに、羆来たりて馬を二疋まで取りしと聞きて、御巡見使御三所とも大いに驚き給いしことなり。（中略）羆小さなるにても日本の熊よりも大いなり。力は何ほどあることにや。馬をとるに馬の頭と尾とをつかみ中より折りて、それを背にかつぎて走るに矢の行くが如し。馬にても人にても骨に至るまで喰い尽くすものゆえに、松前においては羆とは称せずして鬼羆と称す」

次に、文中の難解な字句について補足します。

戸切知《へけれち》は、上磯郡の上磯町。巡見使は、各地を巡って住民の生活状態や農作物などを監察する役人、馳走《ちそう》役は、世話役、家士は、家臣のことで、身分の低い家来のことです。

わかりやすく要約しましょう。

「この日は遠く長い道のりを歩いてきたので、戸切知の宿についたのは夜の十時頃だった。人々は入浴したり食事をしたりしているうち、十二時頃になったと思う頃、村中が大騒ぎとなった。巡見使初め一行が何事だろうと思っているところへ使いの役人が来て、『ヒグマが馬をとりに来たので大騒ぎとなっています。これから鉄砲を撃ちますので驚かないでください』という。それから松明を明るく灯して鉄砲を撃ちまくった。ようやく午前二時頃静まったので、どうなったか聞くと、ヒグマが二頭現れ、馬を二頭とっていったという。一同合わせて千四百人、馬は百頭余もいるにぎやかなところだから、猛々しい虎でさえ来ることはないだろうと思っているところに、ヒグマが来て馬を二頭もとっていったと聞いて、巡見使たちは、大変驚いた。

ヒグマは小さくても月の輪グマよりは大きい。力はどんなに強いことだろう。馬をとるのに頭と尾をつかんで真ん中から折り、それを背にかついで矢のように去って行った。馬でも人でも骨まで喰い尽くすため、松前ではヒグマとは言わずに鬼熊と言っている」

このように、古い記録にもあるとおり、人数が多くてもヒグマは襲ってくる場合があるのです。だから大勢で行動していたとしても、ヒグマの生息圏内にいるときは油断してはいけません。

## ヒグマと人身被害

いまここに、既往二十カ年間の、年度別の人身事故をあげれば、表1に見られるとおりです。

表1では、人身事故が意外に少ないことがわかります。事故皆無の年は二回、

**表1　既往20年間の年度別人身事故**

北海道自然保護課資料をもとに著者が作成

（単位：人）

| | 死　者 | 負傷者 | 合　計 |
|---|---|---|---|
| 昭和56年（1981） | | 2 | 2 |
| 昭和57年（1982） | | | |
| 昭和58年（1983） | | 2 | 2 |
| 昭和59年（1984） | | 1 | 1 |
| 昭和60年（1985） | 1 | 1 | 2 |
| 昭和61年（1986） | | 1 | 1 |
| 昭和62年（1987） | | | |
| 昭和63年（1988） | | 1 | 1 |
| 平成 1 年（1989） | | 1 | 1 |
| 平成 2 年（1990） | 2 | 2 | 4 |
| 平成 3 年（1991） | | 1 | 1 |
| 平成 4 年（1992） | | 1 | 1 |
| 平成 5 年（1993） | | 1 | 1 |
| 平成 6 年（1994） | | 1 | 1 |
| 平成 7 年（1995） | | 1 | 1 |
| 平成 8 年（1996） | | 2 | 2 |
| 平成 9 年（1997） | | 1 | 1 |
| 平成10年（1998） | | 2 | 2 |
| 平成11年（1999） | 1 | 5 | 6 |
| 平成12年（2000） | 1 | 1 | 2 |
| | 5 | 27 | 32 |

被災者が一人だけだった年が十回あったことから推せば、事故を絶やすことも夢ではないと思います。それでは、どんな季節を注意しなくてはならないのでしょうか。一般にクマの飽食期とシカ猟の解禁期である秋季に、事故が多発している傾向があります。この時季はクマの体力が最も充実している時であり、被害も大きくなりがちです。秋季に入林する場合はより慎重に行動しなければなりません。また、冬季積雪下であっても、知らずにクマの穴に近づいてしまうなど、偶発的事故が起こる場合のあることを忘れないでいただきたいと思います。また状況としては、山菜採取時と狩猟時に事故が集中していることが指摘できます。注目したいのは、推定の一件を含む実に十二件が、仔連れ熊による加害だった、ということです。仔連れ熊の恐ろしさを是非知っておいてほしいと思います。

これまでに、記録に残る人身事故の最多は、明治四十一年（一九〇八）の死者十四人・負傷者十二人の、二十六人です。

次ぐのが、苫前三毛別事件が起こった大正四年（一九一五）で、死者十四人・負傷者十人、二十四人にものぼりました。更に、明治四十五年（一九一二）では、死者十一人・負傷者十一人、二十二人もが被害にあっているのです。このことは、クマの生息数が近年よりもはるかに多かったことや、予防、警戒体制が十分でなかったからだと思われます。

ちなみに、このように犠牲者の多かった年のヒグマ捕獲数は、明治四十一年では八百六十三頭、明治四十五年では五百七頭、大正四年では四百十七頭の多きにおよんでいます。

これまでの記録に残っている捕獲数の最も多かった年は、明治二十年（一八八七）で一千百二十二頭、次が明治三十九年（一九〇六）の一千十八頭です。

開拓途上の北海道は、正にクマとの闘いであったことがわかります。

# おわりに

苫前三毛別の開拓地に悲劇が起きてから、まもなく一世紀になろうとしています。しかし今尚、この事件が忘れられることなく読み継がれているのは、世界でも類をみない大惨事だったからに他なりません。しかし、この事件が残した数々の教訓が末長く生かされるならば、犠牲者の霊も浮かばれることでありましょう。

私は多くの方々に話を伺い、何度も現場に通い、資料を集め、事件の遠因と近因を探ってその真相に迫ったつもりです。しかし、事が事だけに、内容の出来不出来が気がかりでなりませんでした。わたしは本書の「はじめに」に記した「獣害史最大の惨劇苫前羆事件」（一九六五年）を発表した冊子を、この事件の生存者の一人で当時十歳だった明景力蔵氏に贈りました。その返信が私の杞憂を救ってくれました。手紙には、受領したことのお礼と、本の内容が自分が思っていたより詳しかったこと、親子ともども手に汗をにぎりながら読んだことなどがしたためられていました。奇跡的に助かった当事者より、このようなお墨付きをいただいたことは、何より大きな安堵でした。

北海道の開拓地に発生したこの悲劇の記録は多くの反響を呼び、小説、ラジオドラマ、演劇などにとりあげられました。その後も『朝日クロニクル週刊20世紀』（二〇〇〇年二月二十日号）に、「ヒグマ、開拓村を襲う　世界最大規模の惨劇」（木村盛武・野生動物研究家）として収録されました。また、マンガでは本書をもとに秋田書店の週刊誌『チャンピオンジャック』に「慟哭の谷」（木村盛武　作・本庄敬　絵）が連載されたほか、小学館の『野生伝説』シリーズに「羆風」（戸川幸夫　作・矢口高雄　絵）として発表され、単行本にもなっています。また、本書を参考に講談社から「キムンカムイ」全四巻（三枝義浩著　少年マガジンコミックス）も刊行されました。今後も様々な形で、後世に伝えられ、事件が風化しないよう願っております。

今日尚、熊との接触事故は絶えません。二〇一一年以降、一三年の春までに起きた北海道の羆による人身事故は、死者二人、負傷者三人にのぼります。その多くは山菜時季の入山に集中しております。

近年異常ともいえる都市生活圏への熊の侵入、激増する目撃情報などから、熊の増加も考えられますが、森林生産力の低下は否めません。熊の餌となるどんぐりなど実のなる木が減っているのです。野生の熊が餌を求めて移動する索餌行動は本能であり、行動半径の拡大につながっています。その結果、列車や自動車と接触する近代型事故も起きており、抜本的対策が急務です。

熊は意外と身近なところに棲んでいます。私は、いたずらに熊を恐れ、憎んだりするのではなく、熊と人間が共生できる社会であってほしいと願います。熊の生態と習性、事故の予防と対策、熊による事件などについては、小著『春告獣《はるつげじゅう》』『ヒグマ そこが知りたい』（共に共同文化社刊・共に日本図書館協会選定図書）をお読みいただければ幸いです。

おかげさまで単行本は多くの方々の反響を受け七刷を重ねることができました。出版の機会を与えてくださった共同文化社をはじめ関係各位に改めてお礼を申し上げます。

また、このたびの文庫化にあたっては、株式会社文藝春秋文春文庫編集部の伊藤秀倫さんをはじめ関係各位に厚くお礼申しあげます。本書では特別編集版として小著『ヒグマ そこが知りたい』より、ヒグマと人間との実際の遭遇事件を検証した第八章「体験をふりかえる」と第九章「事件をかえりみる」の一部を加えております。この機会に、より多くの読者の方にヒグマの生態を正しく理解していただき、ヒグマと人間とのよりよい形での共存を目指す一助になれば、著者としてこれほど嬉しいことはありません。

二〇一五年二月

野生動物研究家　木村盛武

# 解説　永劫語り継がれる大傑作ノンフィクション

増田《ますだ》俊也《としなり》

本書は北海道開拓時代に起きた三毛別ヒグマ事件――一頭の巨大ヒグマが一週間にわたって開拓部落を襲い、七人を食い殺して三人に重傷を負わせた凄惨な事件を、克明かつ詳細に綴った記録である。

事件は、冬眠に失敗して餓えた凶暴なヒグマが、開拓部落の一軒の家を襲ったことから始まる。預かり子の幹雄は一撃で撲殺され、阿部マユが血まみれにされて熊に咥えられ山に連れ去られた（後に大半が食された無残な死体が土中から発見された）。

この事件を受け、最終的に北海道警のほか、陸軍歩兵連隊、消防組、青年団など、官民合わせ延べ六百人、アイヌ犬十数頭、鉄砲六十丁もの大討伐隊がこのヒグマに挑んでいく。しかしヒグマは吹雪と暗闇にまぎれ執拗に開拓部落を襲撃し、一人、また一人と人間を食い殺す。万策尽きた人間たちは殺された仲間の遺体を囮にしてヒグマをおびき寄せるという最終手段に出たが、ヒグマはそれをあざ笑うかのように人間たちを翻弄していく。いったいどうしたらあの悪魔を倒せるのか――。この稀有なモチーフとリアルな描写で、本書は日本文学史に永劫語り継がれるであろう大傑作ノンフィクションとなっている。

私自身、この事件をモデルにして書いた『シャトゥーン ヒグマの森』(宝島社)という小説で十年ほど前に作家デビューしている。新人賞受賞を目指す作品で、なぜこの事件をモチーフにしたのかというと、人間による過去のどんな殺人事件を調べても、この三毛別ヒグマ事件の前にかすんでしまったからだ。シリアルキラーによるどんな猟奇的な連続殺人事件も、このヒグマによる食害の凄惨さに比べたらかすんでしまったからだ。

戦前の高専柔道の流れをくみ旧帝大の七校だけに伝わっている寝技中心の七帝柔道をやるために私が北海道大学へ入学したのは、一九八六年(昭和六十一年)、二十歳のときのことである。

自伝的小説『七帝柔道記』(KADOKAWA)にかつて書いたように、きっかけは愛知県立旭丘高校時代に名古屋大学柔道部員に入部勧誘を受けたことだった。

あれを読んだ方に「どうして名古屋大学ではなくて北海道大学を選んだんですか」とときどき聞かれるが、その理由こそ、北海道大学ヒグマ研究グループ(略称クマ研)の存在にあった。

このクマ研は一九七〇年代、北海道大学の学生たちによって設立された任意団体だ。簡単にいってしまえばサークルのひとつなのだが、この団体が長い間かけて世界のクマ研究界に果たした功績は計り知れない。農学部、水産学部、理学部などのさまざまな学部を横断し、当時ほとんど知られていなかった野生ヒグマの生態をフィールド調査中心に行っていた日本唯一の団体だった。

私が二年間の浪人生活の間に参考書より繰り返し読んでいたのが、井上靖が高専柔道にかけた青春を綴った自伝的小説『北の海』(新潮文庫)と、この北大ヒグマ研究グループの共著『エゾヒグマ〜その生活をさぐる』(汐文社)である。

執筆者一覧を見ると当時のクマ研のメンバーが十数人並んでいる。この名前を私は浪人時代に繰り返し見ては、いつかクマ研が二冊目の本を出すときにはここに自分の名前が記されるのだろうかと胸を高鳴らせていた。当時の北大は入学時に理系文系など大まかな区分けで教養部に所属し、そこで一年半過ごしたあと希望の学部学科に進むシステムだった。しかしクマ研のメンバーのうちの少なからずがヒグマに没頭するあまり留年を繰り返して教養部に長期滞在していたのも、ヒグマの魅力を間接的に知る証となった。

この本の執筆者一覧のうち何人かの名前と当時の所属をここにピックアップしてみよう。

・間野　勉(教養部)
・園山　慶(教養部)
・山中正実(水産学部発生学遺伝学教室)
・宇野裕之(農学部応用動物学教室)
・松浦真一(水産学部浮遊生物学教室)
・坪田敏男(獣医学部家畜臨床繁殖学教室)

・綿貫　豊（大学院農学研究科応用動物学教室）

この人たちはいま何をしているのか。

私のなかで浪人時代の青春の記憶と現在が繋がったのはつい数年前のことだ。別件で知床半島のことを調べていて、たまたま山中正実さんが知床財団統括研究員としていまもヒグマの研究をしていることを知り、会ったこともないのにメールで「僕は山中さんたち当時のクマ研に憧れて北大に入りました」と送ったら返信が返ってきたのだ。三十年近く前に書籍で憧れた人が、現実にいて、現在もヒグマ研究に関わっているということに感動した。

そして実はヒグマに近い職業に就いているのはこの山中正実さん（現在は斜里町立知床博物館館長）だけではなかった。ためしにネットで検索してみると、間野勉さんは北海道環境科学研究センター主任研究員兼野生動物科長、園山慶さんは北海道大学大学院農学研究院准教授、宇野裕之さんは北海道環境科学研究センター道東地区野生生物室長、松浦真一さんは北海道新聞社編集委員、綿貫豊さんは北海道大学大学院水産科学研究院教授、坪田敏男さんは北海道大学大学院獣医学研究科教授、全員がヒグマの研究や保護、その生態の啓蒙などに携わることができるポジションにいる。

こうして彼らがヒグマに近い仕事に就いているのは実はたいへんなことである。たとえば何百人もいる北大柔道部ＯＢのうち卒業後も柔道や格闘技の仕事に就いているのは、中井祐樹（現在日本ブラジリアン柔術連盟会長）と山下志功（プロ修斗世界ライトヘビー級元王者）の二人しかいないのだから。読者の皆さんも自分のまわりを見まわしてみてほしい。大学時代は同好の士と集まってそれぞれ音楽をやったりスポーツをやったり探検をやったり政治活動をしていたはずだが、大学時代のサークルの世界をそのまま仕事にしている人はほとんどいないだろう。みな卒業時に夢を捨て、自分の背丈にあった日常に還っていくのだ。

そんななか、なぜクマ研の人たちは、これほどまでにヒグマにこだわり続けるのか。

それは間違いなく畏怖である。

成体で最大五〇〇キロに近い圧倒的な大きさからくる畏怖だ。

ここまで断言するのは、私自身がヒグマに惹かれた所以《ゆえん》もまたこの大きさにあったからだ。圧倒的な大きさからくる人間には抗えない存在感をこの生き物は持っている。ライオンもトラも、成獣でせいぜい二五〇キロ、その倍近い体を持っているにもかかわらず、いまも北海道ではヒグマが悠々と人間の生活圏を歩いている。だから、北海道に住む人たちが感じるヒグマの存在感と、内地の人間たちが想像で語るヒグマのイメージには大きな乖離がある。クマ研に入ったメンバーたちがヒグマにのめりこんでいったのは、北大に入学して初めて北海道の地面に立ったとき、この地続きに巨大なヒグマが何千頭も歩いているという興奮に打ち震えたからであろう。クマ研発足のきっかけは学生たちの「野生のヒグマを直に見てみたい」という憧れから始まっていた。

柔道部とクマ研の二足のわらじを履こうと思って北海道大学に入学した私はしかし、

柔道部の練習が思っていた以上に過酷で、体力にも時間にも余裕がなく、クマ研に入ることができなかった。柔道部在籍時に二度留年した私は引退時四年目のときに書類上はまだ二年生だった。すでに二十四歳、卒業する気も卒業できる見込みもなさそうだったので北海タイムス社に就職してそのまま大学を中退した。これでヒグマとは縁遠くなるはずだった。

だが、後に編集局長に就く老記者のSさん（当時論説委員）との縁で私のヒグマ熱は再燃する。なにかの打ち上げ飲み会で横に座ったSさんがしきりにヒグマのことを話すので聞くと、実はこのSさんは、北海道のマスコミ界で〝ヒグマ記者〟と呼ばれている人だった。

「俺はクマ研の設立時にも外部委員のような形で関わってたんだ」

Sさんは破顔して話し続けた。

私のような若い人間がヒグマに興味を持っているのが嬉しくてしかたないようだった。飲み会がお開きになっても二人でススキノの安酒場に場所を移して朝までヒグマ談義は続いた。このときSさんから「絶対に読んだほうがいい」と薦められたのが吉村昭さんの『羆嵐』（新潮文庫）、三毛別ヒグマ事件を取材して書いた記録小説である。

朝九時ごろススキノで別れた私は書店で『羆嵐』を買ってそのまま会社に戻り、休憩室のソファに横になってそれを読みはじめ、一気に引きずりこまれた。吉村さんの乾いて簡潔な文体が、静かにひた忍び寄るヒグマの生態に合って、まさに自分が襲われている感覚にとらわれ、読み終わったときにはシャツが大量の汗で重くなっていた。

それ以来、私は仕事の合間に資料室でヒグマによる過去の人身事故について調べるようになった。その過程で本書『慟哭の谷』に出合い、ノンフィクションの迫力に震えた。『羆嵐』を超える恐怖がそこには綴られていた。

少し内容を引いてみよう。

《熊はオドの腰の辺りに激しく咬みかかり、尻から右股の肉をえぐりとり、右手に爪傷を負わせた。

「うわあ!!」

体が引き裂ける痛みにオドは絶叫した。

この叫びに思わず手を放した熊は、今度は恐怖に泣き騒ぐ親子のいる居間に戻った。ここで熊は明景金蔵を一撃の下に叩き殺し、怯える斉藤巌、春義兄弟を襲った。巌は瀕死の傷を負い、春義はその場で叩き殺された。この時、片隅の野菜置場に逃れていた母親斉藤タケは、わが子の断末魔のうめき声に、たまらずムシロの陰から顔を出してしまった。執拗な熊はタケを見つけ、爪をかけて居間のなかほどに引きずり出した。タケは明日にも生まれそうな臨月の身であった。

「腹破らんでくれ!　腹破らんでくれ!」

「喉食って殺して!　喉食って殺して!」

タケは力の限り叫び続けたが、やがて蚊の鳴くようなうなり声になって意識を失った。

熊はタケの腹を引き裂き、うごめく胎児を土間に掻きだして、やにわに彼女を上半身から食いだした》

まさに地獄である。

北海道民は開拓時代からずっと、ヒグマと戦い続けていた。死者三名・重傷者二名を出した札幌丘珠事件（一八七八）、死者四名・重傷者三名を出した石狩沼田幌新事件（一九二三）、パーティー五人のうち三人が殺された福岡大ワンゲル同好会事件（一九七〇）など、毎年のように悲惨な事故が起きている。

内地の人は「それは昔の話ではないのか。それにヒグマ事故は高い山や知床など、人があまり行かないところで起きているのではないか」と思うかもしれない。しかし実際には、平成に入っても百九十万都市の札幌市内だけで年に百件以上のヒグマ出没騒ぎがあり、襲われて死ぬ者もいる。

この『慟哭の谷』は、深い山の中の、昔の話ではない。いまも読者が北海道旅行に行って、ほんの数歩、国道沿いの藪の中に入っていけば、そこにある現実である。だからこそ、私たち読む者の喉元に凄まじい恐怖を突きつけるのだ。

（作家）

本書は、『慟哭の谷　戦慄のドキュメント 苫前三毛別の人食い羆』（一九九四年・共同文化社刊）の内容に、『ヒグマ　そこが知りたい』（二〇〇一年・共同文化社刊）より第八章「体験をふりかえる」と第九章「事件をかえりみる」の一部を加えて再構成したものです。

文春文庫

慟《どう》哭《こく》の谷《たに》

北海道三《ほっかいどうさん》毛別《けべつ》・史上《しじょう》最悪《さいあく》のヒグマ襲撃《しゅうげき》事件《じけん》

定価はカバーに
表示してあります

2015年4月10日　第1刷
2025年11月15日　第16刷

著　者　木《き》村《むら》盛《もり》武《たけ》
発行者　大沼貴之
発行所　株式会社　文藝春秋

東京都千代田区紀尾井町 3-23　〒102-8008
TEL　03・3265・1211㈹
文藝春秋ホームページ　https://www.bunshun.co.jp

落丁、乱丁本は、お手数ですが小社製作部宛お送り下さい。送料小社負担でお取替致します。

印刷・大日本印刷　製本・加藤製本

Printed in Japan
ISBN978-4-16-790534-7